"十四五"职业教育河南省规划教

U0503033

装配式建筑混凝土构件制作与运输

ZHUANGPEISHI JIANZHU HUNNINGTU
GOUJIAN ZHIZUO YU YUNSHU

● 主编 赵冬梅 刘惠林

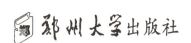

郑州大学出版社

图书在版编目（CIP）数据

装配式建筑混凝土构件制作与运输／赵冬梅，刘惠林主编. -- 郑州：郑州大学出版社，2024. 9. -- ISBN 978-7-5773-0684-1

Ⅰ. TU37

中国国家版本馆 CIP 数据核字第 20241X96G0 号

装配式建筑混凝土构件制作与运输

策划编辑	祁小冬　姚国京	封面设计	苏永生
责任编辑	李　蕊	版式设计	苏永生
责任校对	吴　波	责任监制	李瑞卿

出版发行	郑州大学出版社	地　　址	郑州市大学路 40 号（450052）
出 版 人	卢纪富	网　　址	http://www.zzup.cn
经　　销	全国新华书店	发行电话	0371-66966070
印　　刷	广东虎彩云印刷有限公司		
开　　本	787 mm×1 092 mm　1 / 16		
印　　张	17.75	字　　数	429 千字
版　　次	2024 年 9 月第 1 版	印　　次	2024 年 9 月第 1 次印刷
书　　号	ISBN 978-7-5773-0684-1	定　　价	49.00 元

本书作者

主　编　赵冬梅　刘惠林

副主编　张彦鸽　何晓航　李冠磊

编　委　(以姓氏笔画为序)

　　　　王　玉　刘惠林　李冠磊

　　　　何晓航　张彦鸽　赵冬梅

　　　　赵国令

2020 年 8 月 28 日,住房和城乡建设部、教育部、科技部、工业和信息化部等九部门联合印发《关于加快新型建筑工业化发展的若干意见》。意见提出:要大力推广装配式混凝土建筑,培养新型建筑工业化专业人才,壮大设计、生产、施工、管理等方面人才队伍。

装配式建筑是指用预制部品部件在工地装配而成的建筑。把传统建造方式中的大量现场作业工作转移到工厂进行,在工厂加工制作好建筑用构件和配件,运输到建筑施工现场,通过可靠的连接方式在现场装配安装而成。常见的装配式混凝土预制构件有预制楼板、预制外墙、预制剪力墙、预制梁、预制柱、预制楼梯等。预制构件的制作要求包括工厂的选址、车间布置、设备配置以及生产流程等方面。布局时应充分考虑运输条件,确保预制构件的顺利运输和安装。制作人员需要掌握专业的生产工艺和操作技能,确保构件的质量和安全。同时,运输人员需要具备专业的驾驶技能和安全意识,确保运输过程中的安全。

本教材参考了住房和城乡建设部颁布的标准、规范以及中国建筑标准设计研究院主编的国家建筑标准设计图集,参考借鉴了多部有关国内装配式混凝土建筑的专著与教材。紧密结合国家建筑业的发展趋势和河南省重点产业链建设对人才的需求,依据就业岗位、建筑市场需求选取教材内容。教材内容的编写符合认知规律,采用工作过程导向、由浅到深、由简单到复杂,将课程内容整合为七个项目、20 个任务。编写过程融入思政元素,形成了知识讲授、虚仿模拟、实操训练、思政教育四位一体的编写模式。本教材由具有一线工作经验的企业技术骨干和具备双师素质的教师团队编写,引入典型工程案例,专业性与实用性并重,可作为高职高专院校建筑工程技术、装配式建筑构件智能制造技术等专业学生及建筑行业从业人员使用。

本书由漯河职业技术学院、河南省城乡规划设计研究总院股份有限公司、河南新蒲远大住宅工业有限公司共同组织编写。赵冬梅、刘惠林任主编,对全书统稿、定稿。具体编写人员及分工如下:项目一由刘惠林编写,项目二由赵冬梅编写,项目三由刘惠林、赵冬梅编写,项目四由李冠磊编写,项目五由张彦鸽编写,项目六由何晓航编写,项目七由赵国令、王玉编写。

限于编写时间和编者水平,尽管编写人员尽心尽力,难免存在很多不足和缺陷,恳请各位读者批评指正。

编者

2024 年 6 月

目 录

项目一 工厂建设

任务一　工厂选址及总体规划

混凝土预制构件(以下简称"PC 构件")工厂选址的合理性至关重要，它直接影响着建成后工厂的诸多方面。首先，合理的选址会显著影响工厂的生产成本。如果选址靠近原材料产地或交通枢纽，能够降低原材料的运输成本和物流费用，从而减少总体生产成本。其次，适宜的位置有利于提高生产效率。便捷的交通和良好的基础设施能够保障原材料和产品的快速运输，使生产流程更加顺畅，减少生产过程中的时间浪费和阻碍。再者，选址对产品质量也有着重要影响。合适的环境条件能够减少外界因素对生产过程的干扰，确保产品质量的稳定性和可靠性。再次，在市场竞争力方面，优越的地理位置能够使工厂更快速地响应市场需求，提高供货速度和服务质量，增强企业在市场中的竞争力。最后，合理的选址还关乎企业的发展前景。它为企业未来的扩张和发展提供了有利的基础和空间，使企业能够更好地适应市场变化和行业发展趋势。因此，PC 构件工厂选址的合理性是关乎企业长远发展的关键因素，必须慎重考虑和抉择。

在进行 PC 构件工厂选址时，我们应当充分认识到其重要性，并从国民经济和社会发展的全局出发,全面综合地考虑各种因素。不仅要结合工厂所处的地理环境,包括地形地貌、气候条件、自然资源等,还要深入分析社会、政治、经济等多方面的具体情况。在此基础上,运用科学系统的观点和合理有效的方法,对工厂的选址进行深入研究和审慎决策。通过这样全面而严谨的考量,才能确保工厂选址的合理性,为建成后的工厂在生产成本、生产效率、产品质量、市场竞争力以及企业发展前景等各个方面奠定坚实的基础,从而推动企业的可持续发展,为国民经济和社会发展做出积极贡献。

一、工厂选址

(一) PC 构件工厂选址时的原则

1. 交通便利

自 2016 年以来,国务院以及住房和城乡建设部等相关部门发布的一系列政策,加快了装配式建筑配套技术标准的进一步完善。这些政策不仅明确了落实装配式建筑发展的具体要求,还为其提供了有力的支持和推动。在此背景下,各省、市政府相关部门也纷纷响应,相继颁布了一系列鼓励和支持装配式建筑实施与发展的政策举措。这一系列的政策激励,必然会导致装配式建筑构件的运输量大幅增加。从原材料的采购获取,到构件成品在工厂内的生产制造,再到将这些构件运输至施工现场进行装配施工等各个环节,无一不需要便利的交通条件作为坚实的保障。基于此,PC 构件工厂在进行选址时,必须将交通便利作为首要原则,应尽量选择靠近交通枢纽的位置,以便能够更好地满足装配式建筑构件运输的需求,确保整个生产和施工过程的高效、顺畅进行。

2. 有资源优势

PC 构件工厂在选址时,应优先考虑靠近原材料产地或相关资源丰富的地区。这样的选址策略能够最大程度地减少原材料的运输距离和运输成本。因为靠近原材料产地,工厂可以直接从源头获取所需材料,避免了长途运输过程中可能产生的损耗和额外费用。同时,丰富的资源也保证了原材料的稳定供应,减少了因资源短缺而导致的停工待料等情况的发生,进一步降低了企业的运营成本。这种靠近原材料产地或资源丰富区域的选址方式,对于提高 PC 构件工厂的经济效益和竞争力具有至关重要的意义。

3. 市场辐射

PC 构件工厂的选址是一个至关重要的决策,需要综合多方面的因素来考虑。在选址时,应尽量将其靠近目标市场,这样做便于及时响应客户的需求。运输距离对成本有着非常显著的影响,会直接影响 PC 构件运送的时间和成本;距离越远,运输所需的时间就越长,成本也就越高。因此,在进行 PC 构件工厂选址时,我们必须立足长远,不能仅仅局限于满足当前的需要,更要充分考虑长期价值。我们要深入分析和评估各种潜在的影响因素,确保所选的厂址能够在未来的发展中持续发挥优势,为企业的长远发展奠定坚实的基础。只有这样,才能在激烈的市场竞争中立于不败之地,实现企业的可持续发展。

4. 基础设施完善

PC 构件工厂的选址是一项至关重要的工作,它需要具备良好的水电供应条件。充足且稳定的水电资源是确保工厂生产得以顺利进行的重要基础,没有可靠的水电供应,生产过程可能会频繁受到干扰甚至被迫中断。同时,还需要具备完备的通信设施等基础设施。高效、稳定的通信网络能够保证工厂内部以及与外界的信息传递畅通无阻,使各项工作能够协调有序地进行。只有基础设施完善,具备良好的水电供应以及完备的通信设施等,才能保障生产正常进行。只有在这样的选址环境中,PC 构件工厂才能稳定地运行,高效地生产,为企业的发展提供坚实的保障。

5. 满足环保要求

在进行 PC 构件工厂的选址时,符合环保法律法规是至关重要的一项考量因素。工厂必须严格遵守各项环保法律法规要求,积极采取有效的措施,以最大程度地减少对环境的不良影响。因为 PC 构件工厂在建造过程以及生产运营过程中,不可避免地会对周围的环境产生一定程度的影响,比如在施工阶段可能产生的扬尘、噪声,在生产阶段可能产生的废水、废气等污染物。因此,在选择 PC 构件工厂的厂址时,必须充分考虑其与周边居民生活环境的协调关系。要确保工厂的建设和运营不会对周边居民的生活造成过度干扰和危害,努力实现工厂与周边环境的和谐共存,推动经济发展与环境保护的有机结合。只有这样,才能在保障企业正常生产经营的同时,也为社会和环境的可持续发展做出积极贡献。

6. 土地成本合理

在选择 PC 构件工厂的厂址时,应考虑选择土地成本相对合理的区域,以此来有效控制投资成本。这是一个非常关键的因素,因为土地成本在整个工厂建设和运营过程中占据着较大的比重。而在众多选址区域中,工业园区往往是一个较为理想的选择。工业园区通常具备完善的基础设施和配套服务,能够为 PC 构件工厂提供良好的发展环境,同时土地成本也相对合理,有利于企业控制投资成本,提高经济效益,实现可持续发展。

7. 劳动力资源充足

在选择 PC 构件工厂的厂址时,需要考虑该地区是否有充足的劳动力供应,以切实保障生产的需求。一个具备丰富劳动力资源的区域,不仅能够为工厂提供稳定的劳动力来源,确保生产的顺利进行,还能降低劳动力成本,提高生产效率,为工厂的长远发展奠定坚实的基础。同时,充足的劳动力供应也有利于工厂灵活应对生产过程中的各种变化和挑战,提升企业的竞争力。

8. 产业集聚效应

在选择 PC 构件工厂的厂址时,要认真考虑该地点周边是否存在相关产业集群。如果周边有相关产业集群,将有利于工厂与其他企业之间的协作与交流,能够便捷地实现资源共享。这样的环境不仅有助于提升工厂的生产效率和质量,还能促进产业的协同发展,形成良好的产业生态,为工厂的长远发展创造有利条件。同时,与周边产业集群的紧密联系,也能让工厂更好地适应市场变化,增强企业的抗风险能力。

(二)PC 构件工厂在选址时的具体要求

1. 经济性

首先,所选择的厂址,是否在可行性研究报告中所划定的 PC 构件有效经济供应半径以内。工厂与原材料供应地、产品销售地的距离是否超出有效经济供应半径。

其次,选择的地块要尽量平整。确保场地整平时填挖平衡,不产生大量的借土和弃土。在一般情况下,尽量不在软基和起伏过大的丘陵山区建厂,以减少在工厂建设过程中的软基处理和土石方开挖爆破的工程量,降低工程造价。

最后,地面以上的房屋等建筑,庄稼、树木等拆迁砍伐量,青苗补偿要在经济合理的承受范围以内。

2. 安全性

工厂驻地的地理位置和环境,要满足相关法律法规规定的防洪、防雷要求。避开滑坡、泥石流等地质灾害地带,远离危险化学品、易燃易爆等危险源。

PC 工厂建成后也不得对周围环境和常驻人群的生活造成环境破坏和污染。

3. 合理性

要考虑工厂附近和经济运距范围内是否有可靠的资源供应和能源供给。例如砂石料的供应,附近是否有电、水、天然气、通信的接入条件;周围的交通能否满足方便各种原材和产品及时顺利地进出工厂的需求。同时也要考虑工人日后生活的方便性。

要关注工厂周围的民风民俗,能否与周围的居民和谐共处,也是以后 PC 工厂能否顺利生产的一个重要影响因素。

应多考察几个地块,在综合考虑以上因素,进行比对分析后,再从中选取一个优良厂址。

二、总体规划

工厂布局与设备介绍

厂区的地址选择确定之后,下一步就是要考虑对厂区的规划,科学合理的总体规划可以产生巨大的经济效益。

一个完整的 PC 构件工厂主要由办公区、作业区和生活区三部分组成。办公区是进行管理和行政工作的地方,包括接待室、会议室、内业室、外业室、实验室、财务室、材料室等;作业区则是进行生产制造的核心区域,包括生产车间、材料堆放区、构件堆放区、仓库等;生活区则为员工提供生活所需的设施和空间,保障员工的基本生活需求,包括餐厅、宿舍、活动室等。PC 构件工厂选址除充分考虑周围的交通环境(包括原材料进场的运输及构件出厂运输),周围的水、电供应,垃圾外运、污水排放等各项因素外,还需合理规划厂区内材料堆放区、构件堆放区、构件生产区等的布局,满足标准化管理要求。

(一)总体规划依据

PC 工厂的总体规划依据主要有以下几个方面:首先,要以 PC 工厂的可行性研究报告为基础,结合企业自身的经济技术状况和对工厂的未来预期来进行全面的规划设计。其次,厂址所在地允许扩展的空间也是一个重要的考量因素,这将直接影响工厂未来的发展潜力。再次,还需要充分考虑 PC 产品的定位和产量需求,以便合理布局生产设施和配套资源。最后,PC 构件生产线主要设备的性能参数也对规划起着关键作用,要确保设备的选型和配置能够满足生产要求。特别需要注意的是,PC 构件对存放场地的需求较大,因此在规划中要充分考虑这一因素,合理安排存放区域,以保证生产的顺利进行和产品的妥善存储。

(二)总体规划原则

PC构件工厂的总体规划应遵循以下原则:

1.建设上因地制宜

建设上要根据实际情况,充分利用当地的资源和优势,确保工厂能够与周围环境相融合。同时,要保证交通的便利性,让物流能够高效运转,这不仅能提高生产效率,还能降低成本。人流和物流出入口的设置要合理,符合城市交通相关要求,实现人车分流,避免相互干扰。而厂区的规划则要考虑到原材料和产品的运输,使其能够顺畅进出,减少不必要的中间环节,以达到物流的快捷和高效。

2.技术上生产线适用性强

首先,生产线要具备较强的适用性,确保能满足不同产品的生产需求;设备不仅要性能稳定可靠,还要保证运转安全,操作维修方便,这是保障生产顺利进行的关键。其次,在总平面设计上,构件生产区的各个环节,如混凝土配料及搅拌、钢筋加工、构件生产等区域,要做到合理衔接,严格按照生产流程的要求来布局,这样才能提高生产效率,保证产品质量。最后,在布置时应以构件生产车间等主要设施为主,其他辅助设施围绕其进行合理安排,形成一个有机的整体。

3.经济上成本可控

成本可控可以确保企业在建设和运营过程中保持良好的经济效益;后期运行维护成本低则有利于企业的可持续发展。同时,生产线的可塑性强能够使工厂更好地适应市场变化和需求。

分期建设的统一规划也非常关键,近期工程的集中、紧凑、合理布置能够提高土地利用效率,而与远期工程的合理衔接则能保障工厂的长远发展。这些原则相互关联,共同保障了PC构件工厂的科学规划和有序发展。

4.环境绿化上空间组合协调

在PC构件工厂的总体规划中,环境绿化和环保方面的考虑至关重要。空间组合要协调,以营造良好的工作环境。将原材料物流的出入口等易产生污染的位置与办公和生活服务设施分离,并设置在合适的位置,以有效减少对办公区和生活区的影响。而对混凝土搅拌用水进行化验,以及对使用处理后的污水进行构件冲洗等措施,都体现了对环保的重视,这也是可持续发展的必然要求。

(三)总体规划内容

PC构件工厂总体规划内容如下:

①PC构件工厂按照可行性研究报告中的规划进行设计和布局,同时应兼顾整个工厂内各生产项目的投资顺序和PC构件生产线日后提能扩产的要求。

②PC构件工厂整体是由生产车间、构件成品堆放区、办公区、生活区及相应配套设施等组成,规划时应满足标准化管理要求。

③构件生产车间由PC构件生产线、钢筋生产线、混凝土搅拌运输系统、蒸汽系统、桥式起重系统、车间内PC构件临时堆放区、动力系统等组成。

(四)总体规划方案

企业应根据土地情况及项目生产工艺需求,以及企业未来发展要求规划 PC 构件工厂布局(见图 1-1)时,总体布置方案应满足如下要求:

①合理布局:功能分区明确,生产流程顺畅,生产效率高。

②适应生产需求:满足 PC 构件的生产规模和工艺要求。

③便捷运输:便于原材料和成品的运输,减少物流成本。

④安全环保:确保生产过程安全可靠,符合环保要求。

⑤可持续发展:考虑未来发展需求,具有一定的扩展性。

⑥人性化设计:为员工提供舒适的工作环境,绿化密度较高,厂区舒适、美观。

图 1-1　PC 构件工厂总体布置

1. 生产车间

为了快速建厂和快速投产,当前 PC 工厂生产车间一般采用大跨度单层钢结构厂房设计。这种厂房设计为 2 跨以上,单跨宽度通常为 24～27 m,以适应大型生产设备和运输车辆的需要。同时,为了提高设备的使用率和产能,车间长度可能会相对较长,一般为 150～220 m。生产车间的高度应根据设备的高度、行车起吊高度以及通风和照明需求来确定。一般来说,行车起吊高度应大于 9 m,以确保能够顺利吊装和运输大型构件。同时,车间的高度还应满足通风和照明的需求,以确保员工在舒适的环境中工作。PC 工厂地面在设计和选择时,需要特别考虑到 PC 构件的生产特点、工艺要求以及工厂环境,考虑地面的耐磨性、防滑性、耐化学腐蚀、易清洁和维护等性能。通常地面硬化采用水泥混凝土,厚度不低于 200 mm。面层采用环氧地坪,基层采用三七灰土或水泥稳定碎石、水泥稳定砂砾。软弱地基采用换填处理。生产车间如图 1-2 所示。

图 1-2　生产车间

PC 工厂生产车间在设计时应满足以下几个方面的要求：

①工艺流程和设备布局：生产车间的设计应充分考虑工艺流程和设备布局，确保生产线顺畅、高效。设备的摆放和布局应根据工艺流程进行合理安排，避免生产过程中的拥堵和延误。

②安全性和环保性：生产车间设计应充分考虑员工的安全和环境保护。应设置必要的安全设施和防护装置，确保员工在操作过程中的人身安全。同时，应采取有效的环保措施，降低噪声、粉尘等污染物排放，保护生产环境。

③通风和照明：生产车间应具备良好的通风和照明条件，确保员工在舒适的环境中工作。通风系统应能有效排出生产过程中的废气、热量和异味，保持车间内空气清新。照明系统应提供足够的光照度，避免员工因光线不足而引发眼部疲劳或操作失误。

④物料流动和储存：生产车间应有合理的物料流动和储存系统，确保原材料、半成品和成品能够及时、准确地输送到各个生产环节。同时，应设置足够的储存空间，避免物料积压和浪费。

⑤灵活性和可扩展性：生产车间设计应具有一定的灵活性和可扩展性，以适应未来生产规模和产品种类的变化。车间内部布局应易于调整和优化，方便新增设备和生产线的引入。

⑥能源效率和节能措施：生产车间设计应充分考虑能源效率和节能措施，降低生产成本和能耗。应优先采用高效节能的设备和照明系统，同时加强能源管理和监测，及时发现和解决能源浪费问题。

PC 工厂生产车间总体规划应遵循以下几个原则：

①在保证生产要求、安全的前提下，做到优化设计，尽可能充分利用厂房面积和空间，减少各种管线的长度。

②注意改善操作条件，对劳动环境差的工段要充分考虑朝向、风向、门窗、排气、除尘及通风设施的安装位置。设备的操作面应迎着光线，使操作人员背光操作。

③要统一安排生产车间所有操作平台、各种管路、地沟、地坑及巨大的或振动大的设备基础,避免同厂房基础发生位置上的矛盾。

④合理安排厂房的出入口,每个生产车间出入口不应少于 2 个,为保证车辆通过性,宽度以 4~5 m 为宜,高度不小于 5 m。

⑤生产车间采用钢结构厂房,其长度应以满足生产线布置为原则,单跨宽度不小于 24 m,建筑高度以 14~16 m 为宜。生产车间内设办公及仓库用房和构件平板车运输轨道。

⑥根据产品需求,生产车间不宜少于 3 跨,布置时可根据具体情况进行调整,如"三明治"外墙板生产线、叠合板生产线、钢筋加工设备和固定模位生产线等。

生产车间分区应遵循以下原则:

①生产车间内分流水线生产区、固定模位生产区、钢筋生产区、模板加工修整区、构件临时存放区、模板存放区、钢筋中间产品存放区、构件布展区、临时休息室与办公室、参观通道等。

②生产区和构件临时存放区地面宜采用固化剂处理,布展区和参观通道采用环氧地坪地面;生产区与其他区域应使用不锈钢栏杆和不低于 2 m 的钢丝网进行安全隔离。

③生产车间桁吊设计与安装,应遵循每跨生产车间设置 2 台 10 t(设主副吊钩)和 1 台 5 t 桁吊,起吊高度不小于 9 m,均能纵向贯通整条生产线。

生产车间水电暖气设计与安装应遵循以下原则:

①生产车间用水相对较少,主要是消防用水、生产用水、工人饮水。一般采用市政自来水给水,也可以采用打井取水。

②生产车间内排水沟宽度不小于 30 cm,排水沟与厂区排水系统相连并设纵向"人"字坡,坡度不小于 1%。

③生产车间供暖根据当地冬季气温条件设计计算,其供暖温度不低于 5 ℃;生产车间蒸汽管路可以根据实际选择走地上还是走地沟。利用钢结构车间设计形式,可将长条状散热片安装在"H"形梁柱的"U"形槽内,以达到节省空间、整齐美观的目的。

④每跨生产车间两侧设置电缆沟,电缆沟宽度不小于 60 cm。每条生产线均采用专用电缆,根据设备位置设置配电柜。

⑤为应对夏季车间工作环境,生产车间屋顶需要设置通风系统。

⑥需根据车间年规划生产量,配置能满足生产需要的搅拌站和蒸汽锅炉。为降低生产能耗,节能环保,设计时应将混凝土和蒸汽输送距离设计到最小值,并最大限度地减少管道拐弯。两者应与生产车间同步设计,搅拌站出料口对应生产线布料工位,蒸汽锅炉房对应车间内蒸汽养护窑的用气工位。

2. 构件堆放区

构件堆放区是 PC 工厂的重要组成部分。预制构件品种多,数量大,无论在生产车间还是施工现场均占用较大场地面积,因此合理有序地对构件进行分类堆放,对于减少构件堆场使用面积,加强成品保护,加快施工进度,构建文明施工环境均具有重要意义。预制构件的堆放应按规范要求进行,以确保预制构件存放过程中不受破坏,运输及吊装时能快速、便捷地找到对应构件。PC 构件堆场实景如图 1-3 所示。

图 1-3　PC 构件堆场实景图

（1）堆场的设计

堆场设置要考虑与构件生产车间的距离，故构件堆放场一般相邻生产车间设置。堆场面积的大小应满足 PC 工厂最大生产产能需要，并要满足库存构件的堆放需求。其最大面积可按照产能的 1.5～2.0 倍进行预留设计。地面尽可能硬化，至少要铺碎石，排水要通畅。堆场需要配置 10 t 以上的龙门式起重机，场地内有构件运输车辆的专用道路。

（2）堆场龙门式起重机的选择与布置

堆场龙门式起重机基础宜采用条形基础，在堆场面层施工前进行基础及轨道安装施工。安装轨道时考虑其使用安全性，要对轨道进行接地处理。为保证堆场车辆通行方便，龙门吊轨道顶面要与堆场混凝土面层顶标高相同。为充分利用堆场空间，龙门式起重机跨度宜大于 20 m，采用单端悬挑，悬挑端设计为一左一右对称布置。

（3）办公研发楼

PC 工厂内的办公研发楼应满足 100～150 人办公需求，并预留足够的房间。办公研发楼内设各个职能部门：办公室、研发设计部、生产管理部、计划合同部、财务部、物资设备部、安全质量部，并设有多功能厅、大中小型会议室、接待室。办公楼前设停车场，停车场满足本公司人员车辆及来宾车辆停车需求。

（4）实验室

PC 工厂须设立实验室，具有 PC 构件原材料检验、制作过程检验和产品检验的基本能力，配备专业试验人员和基本试验设备。实验室具有相对独立的活动场所，满足信息化办公要求。满足试验检测工作需要和标准化建设的有关规定。

实验室需建设资料室、留样室、特性室、力学室、标准养护室、集料室、水泥室和化学室等功能室。各功能室要独立设置，并根据不同的试验检测项目配置满足要求的基础设施和环境条件。按照试验检测流程和工作相关性进行合理布局，保证样品流转顺畅，方便操作。

（5）厂区道路等设施的设计与布置

厂区内道路布置要满足原材料进厂、半成品厂内运输和产品出厂的要求。厂区主干道构成环状路网，出入口应紧邻市政道路。厂区道路要区分人行道与机动车道，机动车道宽度一般在 8～12 m，弯道要满足长挂车（一般重型车长 17 m）行驶和转弯半径的要求，转弯半径在18 m左右,原材料进厂路线和产品出厂路线要区分开。

对厂区道路两侧及新建建筑物、构筑物周围皆予以绿化,种植花草和树木,以达到减少空气中的灰尘、降低噪声、调节空气温度和湿度及美化环境的目的,为工作人员创造一个良好的户外活动场所。

(6)管网布置

构件工厂由于工艺需要有很多管网,例如蒸汽、供暖、供水、供电、工业气体以及综合布线等,应当在工厂规划阶段一并考虑进去,有条件的工厂可以建设小型地下管廊满足管网的铺设,方便维护与维修。

任务二 车间布置及选型安装

常用PC构件的制作工艺有两种:固定式和流动式。

固定式是模具在固定的位置不动,通过制作人员的流动来完成各个模具上构件制作的各个工序,包括固定模台工艺、立模工艺和预应力工艺等。

流动式是模具在流水线上移动,制作工人相对不动,等模具循环到自己的工位时重复做本岗位的工作,也称流水线工艺,包括流动模台式工艺和自动流水线工艺。

不同的PC构件制作工艺各有优缺点,采用何种工艺与构件的类型、复杂程度、品种有关,也与投资者的偏好有关。一般一个新工厂的建设应根据市场需求、主要产品类型、生产规模和投资能力等因素,首先确定采用什么生产工艺,再根据选定的生产工艺进行工厂布置,然后选择生产设备。针对目前国内建筑设计的标准化程度不高的实际情况,应根据企业的经济实力,本着实事求是的原则,选择经济合理的生产线,并预留升级改造的空间。

目前,国内大部分工厂建设,均采用固定模台生产线加移动模台生产线组合的方式来建设。国内PC生产线生产厂家有河北新大地、三一快而居、鞍山重型、雪龙企业、华森重工、上海庄辰等企业。

一、车间布置

(一)固定模台生产线布置

固定式的生产工艺共有三种形式:固定模台工艺、独立模工艺和预应力工艺,其中固定模台工艺是固定方式生产最主要的工艺,也是PC构件制作应用最广的工艺。

1. 固定模台工艺

固定模台是一块平整度较高的钢结构平台或高平整度、高强度的水泥基材料平台,作为PC构件的底模,在其上固定构件侧模,组合成完整的模具,安装钢筋,浇筑混凝土。固定模台生产工艺,模台是固定不动的,通过不同工种作业人员"流动"来完成预制构件的制作。固定模台工艺可以生产40多种PC构件,包括柱、梁、楼板、墙板、楼梯、飘窗、阳台板、转角构件、后张法预应力构件等各式构件。

固定模台工艺的特点是适用范围广、启动资金较少,但是相对流水线工艺机械化程度低、生产作业人员多、工作效率低,多作为流水线工艺的补充。

固定模台生产线包括模台、混凝土布料系统、插入式振动器、构件养护系统等。固定模台生产线一般布置在车间一侧(见图1-4),和移动模台生产线分隔开。可采用带有振动、翻转和移动等功能的模台,来提高生产线的机械化、自动化程度和生产效率。

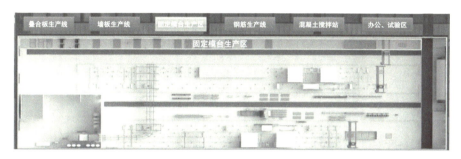

图1-4　固定模台生产线

2.独立模工艺

有些构件的模具自带底模,如立式浇筑的柱子、楼梯,在U形模具中制作的梁、柱、楼梯、阳台板、转角板等其他异形构件。自带底模的模具不用固定在固定模台上,底模相当于微型固定模台,其他工艺流程与固定模台工艺一样。

独立模具根据浇筑工艺的不同又分为立模工艺和平模工艺。平模工艺构件是卧着浇筑的,而立模工艺构件是立着浇筑的。立模工艺有占地面积小、构件表面光洁、垂直脱模、不用翻转等优点。立模又分为独立立模和集合式立模两种。立着浇筑的柱子或侧立浇筑的楼梯板属于独立立模,如图1-5所示。集合式立模是多个构件并列组合在一起制作的工艺,可用来生产规格标准、形状规则、配筋简单的板式构件,如轻质混凝土空心墙板等。

独立模具往往需要单独浇筑和养护,会占一定的车间面积,因此在厂房规划中应当预留出来独立模具的生产区域,以备生产大型构件和异形构件。

图1-5　独立立模

3. 预应力工艺

预应力混凝土具有结构截面小、自重轻、刚度大、抗裂度高、耐久性好和节省材料等特点，使得该技术在装配式领域中得到了广泛的应用，特别是预应力楼板在大跨度的建筑中广泛应用。钢管桁架预应力混凝土叠合板(见图1-6)较好地解决了传统桁架叠合板厚度厚、自重大、四面出筋、拉板缝、易开裂、跨度小、支撑多、造价高等缺点。预应力混凝土钢管桁架叠合板(PK3型板)由C40/C50混凝土底板、1570级/1860级的预应力钢丝和钢管混凝土桁架组成，底板厚度35 mm、40 mm，宽度1～3 m，长度2.1～12 m，该产品的钢管桁架上弦杆采用钢管灌注微膨胀高强砂浆，腹杆采用钢筋，高度可根据叠合板厚度进行调整，与现浇层共同形成叠合板。

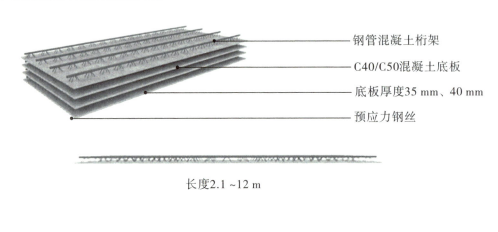

钢管混凝土桁架

C40/C50混凝土底板

底板厚度35 mm、40 mm

预应力钢丝

长度2.1～12 m

宽度1～3 m

图1-6　钢管桁架预应力混凝土叠合板

预应力工艺是PC构件固定生产方式的一种，可分为先张法预应力工艺和后张法预应力工艺两种，预应力PC构件大多用先张法工艺。先张法预应力生产工艺适合生产叠合楼板、预应力空心楼板、预应力双T板以及预应力梁等。后张法预应力工艺生产灵活，适宜于结构复杂、数量少、重量大的构件，特别适合于现场制作的混凝土构件。

(1)先张法

先张法预应力混凝土构件生产时，首先将预应力钢筋按规定在钢筋张拉台上铺设张拉，然后浇筑混凝土成型或者挤压混凝土成型，当混凝土经过养护、达到一定强度后拆卸边模和侧模，放张并切断预应力钢筋。先张法预应力混凝土具有生产工艺简单、生产效率高、质量易控制、成本低等特点。除钢筋张拉和切割外，其他工艺环节与固定模台工艺接近。

(2)后张法

后张法预应力混凝土构件生产，指在构件浇筑成型时按规定预留预应力钢筋孔道，当混凝土经过养护达到一定强度后，将预应力钢筋穿入道内，再对预应力钢筋张拉，依靠锚具锚固预应力钢筋，建立预应力，然后对孔道灌浆。

(二)移动模台生产线布置

移动模台生产线有两种不同的形式,一种是移动模台工艺,一种是自动化流水线工艺。两者的根本区别在于自动化程度的高低,其中自动化程度较低的是移动模台工艺,自动化程度较高的是自动化流水线工艺。目前国内的生产线自动化程度普遍不高,绝大多数都属于移动模台工艺。本书主要介绍移动模台工艺。

移动模台生产线适合生产标准化板类构件,包括叠合楼板、剪力墙外墙板、剪力墙内墙板、夹芯保温板(三明治墙板)、外挂墙板、双面叠合剪力墙板、内隔墙板等。

移动模台生产线是模台在从动轮、驱动轮或摆渡车上移动,并作为承载平台和底模使用。整个生产线分为清理、划线、喷油、支模、绑扎、预埋、浇筑、振捣、赶平(拉毛)、预养、抹光、养护、脱模及洗水等工位,生产工人在各自工位完成各自职能。

1.总体规划

作为生产场区规划核心内容之一,生产线按预制构件制造工艺原理,结合生产计划及预制场地情况进行总体设计,选择场内生产设施和辅助设施的合理位置及其管理方式,尽量做到前后工序衔接顺畅、物流合理、生产规模满足工程工期并适度预留余量,使各种物资资源能以最高效率组合成为最终合格产品,如图1-7、图1-8所示。

图1-7 叠合板生产线位置图

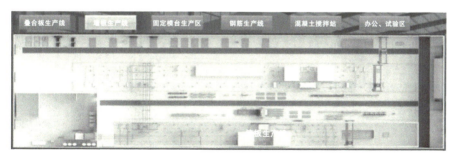

图1-8 墙板生产线位置图

2.布置原则

1)进行生产线布置时,应遵循以下原则:

①流程合理原则:按照生产工艺流程进行合理布局,使各工序衔接顺畅,减少物料迁

回和交叉。

②空间利用原则:充分利用空间,避免空间浪费,同时保证操作和运输的便利性。

③安全可靠原则:确保设备和人员的安全,设置必要的安全防护设施和通道。

④物流通畅原则:保证原材料、在制品和成品的运输便捷、高效,避免物流堵塞。

⑤灵活性原则:便于根据生产需求的变化进行调整和改造。

⑥整洁有序原则:保持生产线环境整洁,设备和物料摆放有序,有利于提高工作效率和质量控制。

⑦人机工程原则:考虑操作人员的作业舒适性和便利性,减少疲劳和操作失误。

⑧成本效益原则:在满足生产要求的前提下,尽量降低布置成本和运营成本。

2)进行生产线布置时,应注意以下要求:

①生产线分为钢筋加工区、预制构件生产区、成品检验区等,区域划分应满足总体规划要求。

②钢筋加工区和混凝土搅拌站紧邻预制构件生产区,确保钢筋和混凝土供应方便及时。

③供电、供热、供汽、供水系统及水循环系统等配套辅助设施应统筹考虑,并备有应急保障设施。

④对生产线合理分段,并设置缓冲区,以解决变节拍生产条件下,段与段之间的平滑衔接问题。

⑤布料机与混凝土搅拌站呈直线排列,便于混凝土输送与供应。

⑥混凝土二次布料之后设置预养护区,有利于初凝之后抹光,抹光之后采用立体养护,节省能源。

⑦布置环形生产线,以充分利用生产面积。

(三)钢筋生产线布置

钢筋生产线主要负责外墙板、内墙板、叠合板及异形构件生产线的钢筋加工制作,钢筋成品、半成品类型主要有箍筋、拉筋、钢筋网片和钢筋桁架等。钢筋生产线主要分为原材料堆放区、钢筋加工区、半成品堆放区、成品堆放区、钢筋绑扎区等。宜紧邻构件生产线钢筋安装区布置;原材堆放区域周边设置大型运输车辆通道;生产线所有区域均在桁吊吊装范围内,如图1-9所示。

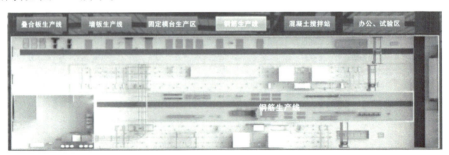

图1-9 钢筋生产线位置图

钢筋生产线主要设备有板筋生产线、数控钢筋剪切生产线、全自动桁架生产线、数控钢筋弯箍机、数控钢筋网生产线、数控钢筋弯曲中心、钢筋弯曲机、套丝机、对焊机等。

板筋生产线是集调直、定尺切断、弯曲于一体的专业自动化加工设备，从盘条到板筋一次成型，调直切断和弯曲实现同步作业，生产效率高。

数控钢筋剪切生产线是一种自动定尺、自动传料、自动剪切、自动翻料的大型自动化剪切设备。能够一次性切断多根棒材钢筋，剪切效率高，剪切尺寸精确。

全自动桁架生产线将钢筋放线、矫直、弯曲成型、焊接、折弯等一次完成，具有焊接质量好、速度高、工人劳动强度小、生产效率高的特点。

数控钢筋弯箍机通过全智能高集成控制，实现了从钢筋送料、去氧化皮、校直延伸、弯曲成型到切断等多种工艺。能直接制作多种尺寸多种规格的箍筋，完全达到设计要求。

数控钢筋网生产线，可以通过设备控制系统设定网片尺寸规格、设备工作方式和生产任务，可以连续自动生产多张、多种规格的网片。

数控钢筋弯曲中心打破了传统弯曲机点动操作模式，增加了安全控制电压及制动电机电路，实现钢筋弯曲自动化，提高了操作的安全性和弯曲角度定位的准确性，工作效率极高。

钢筋弯曲机用于建筑工程上，将各种普通碳素钢、螺纹钢等加工成所需的几何形状。其结构简单、工作可靠、操作灵敏，广泛应用于建筑、桥梁工程中。

套丝机用于制作钢筋端头螺纹，适合加工标准的短圆螺纹、长圆螺纹、偏梯螺纹。具有自动化程度高、加工精度高、生产效率高等优点。

对焊机将焊件（钢筋）分别置于两夹紧装置之间，使其端面对准，在接触处通电加热进行焊接。具有焊接效率高、焊接精度高、操作简单、节能等优点。

（四）混凝土搅拌站布置

混凝土搅拌站应选用自动化程度较高的设备，以保证质量。搅拌站最好布置在距生产布料点近的地方，减少运输时间，一般布置在车间的端部或端部侧面，通过轨道运料系统，将混凝土运送到布料区，如图1-10所示。

图1-10　混凝土搅拌站位置图

二、PC构件生产线的选型与安装

PC构件生产线设备是生产的关键支撑，其完善程度直接关系到产品的质量表现。基础零部件作为设备的关键组成部分,它们的精度、选材和加工性能奠定了整个设备的性能基础。高精度的零部件能确保设备运行的准确性和稳定性,合适的选材能提升设备的耐用性和可靠性,而高品质的加工性能则保障了设备的整体质量和性能发挥。当这些方面存在不足时,就可能导致设备寿命缩短、质量欠佳、精度下降以及产生较大噪声等问题,进而不可避免地影响 PC 构件的生产质量,比如尺寸偏差、强度不足、外观缺陷等。因此,在 PC 构件工厂生产中,对设备及其基础零部件的重视和严格把控是至关重要的。

(一)PC 构件生产线

目前,国内成熟的自动化流水生产线均采用以从动轮与电动轮为支撑、电动轮驱动整张模台进行运转的流水线生产方式。将预制生产中的各个工序分布到每个工位,并配置相应的机械设备和机具,人工操作或提前输入图纸和指令,人工辅助完成或自行识别完成工作内容。

(二)选型及采购

PC 构件生产线选型通常应遵循以下原则:

①适用性原则:要与生产的 PC 构件类型、规格、工艺要求等相匹配,确保能够满足实际生产需求。

②先进性原则:尽量选择技术先进的设备和生产线,以保证生产效率、产品质量和适应未来发展。

③可靠性原则:设备要稳定可靠,减少故障发生,保障持续生产。

④经济性原则:综合考虑设备购置成本、运行成本、维护成本等,追求较高的性价比。

⑤可扩展性原则:便于后续根据生产规模扩大或工艺调整进行升级和扩展。

⑥环保性原则:符合环保要求,减少对环境的污染和影响。

⑦安全性原则:设备具备良好的安全防护功能,保障人员安全。

⑧兼容性原则:与其他相关设备和系统能够良好兼容和协同工作。

⑨售后服务原则:供应商要有良好的售后服务体系,能及时提供技术支持和维修保障。

在选择 PC 构件生产线时,要先依据当地政策要求和装配式建筑发展态势合理确定建设规模,不盲目追求"高、大、全",然后根据装配式建筑对 PC 构件种类及数量需求并综合成本逐步选择生产线种类与数量,接着让第三方优化公司对生产工艺改进优化,且选择合作厂家时要全面考察其在体系研发、装备创新升级、生产工艺、经验项目和流程化管理服务等方面的实力,之后组织考察团队对国内外众多生产企业考察并提出招标方案,通过公开招标或邀请招标确定厂家,签订采购合同时明确部件进场时间以确保安装有序,避免已进场设备无法安装而需等后进场设备的不利情况。

(三)PC 构件生产线布置

PC 构件生产线一般采用环形布置,布置时充分考虑各个生产单元功能的不同、所占流水线节拍的长短、与搅拌站混凝土运输线路的衔接位置、与钢筋生产线的相对关系等因素,进行合理布置。

1. PC 构件生产线布置要点

①根据生产需求和场地条件合理规划环形轨道,确保其顺畅和具有足够的长度,以满足构件流转的需要。

②在环形轨道上设置各个工位,如模具清理工位、钢筋绑扎工位、混凝土浇筑工位、振捣工位、养护工位等,工位之间保持适当的间隔,以方便操作和物料运输。

③配备专用的运输设备,如起重机、摆渡车等,沿着环形轨道运行,实现构件在不同工位之间的高效转移。

④在适当位置设置混凝土搅拌站,以便及时供应混凝土。

⑤合理布局钢筋加工区和模具存放区,使其与环形生产线紧密配合,减少物料搬运距离。

⑥设置高效的控制系统,对环形生产线上的设备和流程进行精确控制和协调,确保生产的连续性和稳定性。

⑦预留足够的空间用于构件成品的存放和检验。

⑧要注意确保环形布置的安全性,如设置防护栏等,保障工作人员的安全。

⑨考虑通风、照明等环境因素,为生产创造良好的条件。

⑩具体的环形布置方案还需根据实际情况进行详细设计和优化。

2. 布置注意事项

①充分考虑场地面积、形状和承载能力,确保有足够空间容纳各生产环节和设备,同时要便于原材料和成品的运输。

②按照生产流程顺序合理安排各个工位,避免流程倒流或交叉,保证生产的高效和流畅。

③根据生产需求选择合适的设备,设备之间要留有适当间距,方便操作和维护,还要考虑设备的可扩展性。

④设计清晰明确的物流通道,包括原材料进厂通道、构件运输通道等,避免物流堵塞。

⑤规划合理的人员走动路线,确保工人能安全、便捷地在生产线各区域活动。

⑥确保水、电等基础设施的充足供应和合理布局,满足生产设备运行和其他需求。

⑦考虑粉尘、噪声等污染的处理措施,满足环保相关规定。

⑧配备必要的安全防护装置和警示标识,保障人员作业安全。

⑨保证生产区域有良好的采光和通风条件,为工人创造舒适的工作环境。

⑩规划专门的模具存储区域,方便模具的取用和管理。

⑪设置专门的检验、检测区域,便于及时对构件质量进行监控。

⑫预留信息化系统接口和安装位置,便于后续智能化管理的实施。

⑬考虑企业未来可能的发展和扩充,在生产线布置时预留一定的空间和灵活性。

3. 生产线布置图

以一个工厂布局为例,说明移动模台生产线、固定模台生产线、钢筋生产线和混凝土搅拌站以及构件养护区、成品堆放区的具体规划。具体工厂车间生产线布置如图1–11所示。

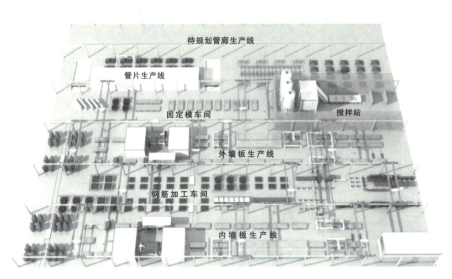

图1-11　生产线布置图

4. 生产线的主要设备

（1）驱动轮

为模台提供动力并带动模台运行的轮子,起承载输送作用,一般采用橡胶摩擦轮。橡胶摩擦轮由特种橡胶和天然橡胶合炼而成,具有较高的摩擦力和耐磨性,驱动装置的高低可以随着橡胶摩擦轮的磨损而适当调节,如图1-12所示。

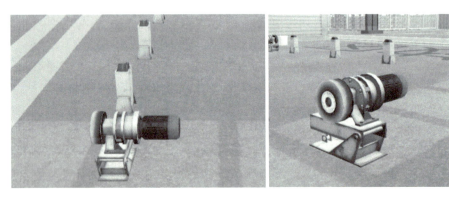

图1-12　驱动轮

（2）导轮

独立固定于地面上,作为模台的承载输送轮,无动力,如图1-13所示。

（3）感应防撞轮

感应防撞轮独立水平固定地面上,可作为模台的承载输送,可以防止感应器被模台损坏,如图1-14所示。

图 1-13　导轮

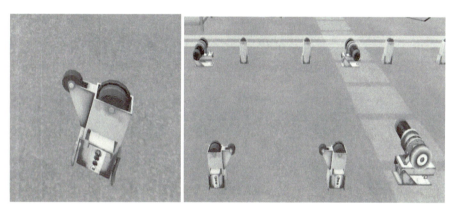

图 1-14　感应防撞轮

（4）模台

模台是 PC 构件生产中非常重要的组成部分。通常由坚固的金属材料制成，作为混凝土构件成型的载体，为混凝土的浇筑和凝固提供支撑和定型的基础。一般来说，模台常见的长度为 3 ~ 12 m，宽度为 2 ~ 6 m，如图 1-15 所示。

图 1-15　模台

（5）清扫机

专门用于清扫模台表面的设备。其作用主要是确保模台表面清洁，为后续的混凝土构件生产做好准备，避免杂质等影响构件质量。同时，高效的清扫也能提高生产流程的顺畅性和整体效率，如图1-16所示。

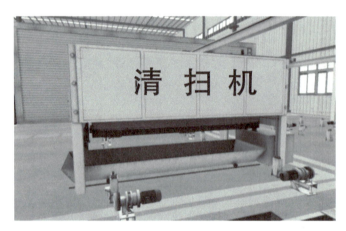

图1-16　清扫机

（6）划线机

主要用于在模台上自动画线，主要由水墨喷墨打印控制系统和行走控制系统组成。行走系统为伺服控制器控制，行走精度高，可靠性好，如图1-17所示。

图1-17　划线机

（7）喷油机

主要用于模台经过时，自动喷洒脱模剂。脱模剂采用雾化系统喷洒，如图1-18所示。

（8）模台横移车

主要用于在PC构件生产线上横向移动模台。模台横移车的作用在于优化生产流程，提高模台的转运效率，使模台能快速、准确地在不同工位之间转换，保障PC构件生产的连续性和高效性。它在提高生产效率、降低人工劳动强度等方面发挥着重要作用,如图1-19所示。

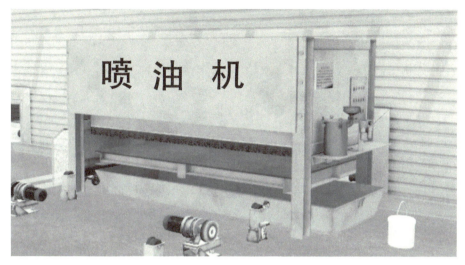

图1-18 喷油机

图1-19 模台横移车

(9)混凝土布料机

混凝土布料机用于混凝土自动浇筑。多采用液压多闸门式布料控制、星型轴定量布料、沿流水线方向多工位布料、横向或纵向布料方式,如图1-20所示。

(10)振动台

在PC构件生产中,振动台用于使混凝土在模具中均匀填充、密实,排出气泡,提高构件的密实度和质量。不同类型的振动台在振动频率、幅度、功率等方面可能会有所差异,以适应不同规格和要求的PC构件生产,如图1-21所示。

图 1-20　混凝土布料机

图 1-21　振动台

（11）振动赶平机

振动赶平机通常用于对混凝土等物料进行振动和赶平作业，它结合了振动功能和赶平功能，一边通过振动使物料密实、排出气泡，一边将物料表面赶平，以达到较好的平整度和密实度，主要用于构件混凝土浇筑后构件表面的赶平，如图 1-22 所示。

（12）抹光机

抹光机是一种用于对混凝土或其他地面材料表面进行抹平、压光处理的机械设备，主要用于构件赶平后，构件表面的抹光，如图 1-23 所示。

图 1-22　振动赶平机

图 1-23　抹光机

（13）拉毛机

拉毛机是一种用于对混凝土等材料表面进行拉毛处理的设备,主要用于叠合楼板的快速拉毛,如图1-24所示。

图 1-24　拉毛机

（14）翻板机

PC 构件在运输、安装过程中，要根据实际情况改变构件预制时的摆放状态，以适应运输和安装的需要，运输和安装过程中需要用到翻转设备，如图 1-25 所示。

当需要翻转的 PC 构件数量很少时，可通过起重机的主副钩进行协调升降，完成构件的摆放状态调整。但在翻转过程中，一定要缓慢、匀速进行，确保构件不受到大的外力作用而形成应力集中，造成构件的损坏。经常用到翻板机的 PC 构件包括楼梯、内外墙板、外挂墙板等。

图 1-25　翻板机

（15）码垛机

码垛机是一种用于将混凝土构件自动堆码在养护窑中的机械设备。它通常由机架、升降机构、平移机构、托盘等组成，可以实现混凝土构件的自动堆码和取出，提高生产效率和质量，如图 1-26 所示。

图 1-26　码垛机

（16）预养护窑

预养护窑是一种用于混凝土预制构件生产的设备，它可以为预制构件提供适宜的温度和湿度环境，加速混凝土的硬化过程，提高预制构件的质量和生产效率。不同厂家生产的预养护窑可能会有所差异，具体的操作和使用方法可以参考设备的说明书或咨询厂家，如图 1-27 所示。

图 1-27　预养护窑

三、配套设备的选型与安装

PC 构件生产线的配套设备主要包括运输设备、起吊设备、清扫设备、混凝土搅拌设备、养护窑和称量设备等。

（一）运输设备

根据混凝土预制构件存放方式的不同，可以分为立式存放、水平叠放。在混凝土预制构件运输时要根据构件形式的不同选择不同的运输设备。

墙板采用立式运输，车间内设有专用构件转运平板车或改装平板运输车，平板之上放置墙板固定支架。叠合板及楼梯采用水平运输，采用转运小车（见图 1-28）即可满足转运要求。

叉车（见图 1-29）是 PC 构件生产中不可缺少的运输设备。叉车可以进行叠合板及楼梯、半成品与成品钢筋、小型设备的转运。

图 1-28　转运小车

图 1-29　叉车

（二）起吊设备

为满足生产需要，车间内每条生产线配 2 台或 3 台桥式起重机，每台桥式起重机配备
10 t、5 t 的吊钩。桥式起重机如图 1-30 所示。

图 1-30　桥式起重机

（三）清扫设备

为保持厂区环境卫生，减少工厂运营期间的扬尘污染，需配置洒水车及清扫车（见
图 1-31）和洗地机（见图 1-32）等清扫工具。

图 1-31　清扫车

图 1-32　洗地机

场内摆放一定数量的垃圾桶，用于盛放生活垃圾和建筑垃圾，并配合当地环保部门垃
圾车定期清运垃圾。

（四）混凝土搅拌设备

混凝土搅拌设备是用于将水泥、骨料（如砂、石子等）、水以及外加剂等按一定比例进
行搅拌，制成混凝土的机械设备。PC 构件厂的混凝土搅拌设备具有一些特定的特点和
要求。

通常会采用大型的、高效的混凝土搅拌站。这类搅拌站一般具备以下特点：

①高生产能力：以满足 PC 构件生产的较大混凝土用量需求。

②精确配料系统：确保混凝土的配合比准确无误，保证构件质量。

③良好的搅拌性能：使混凝土搅拌均匀，达到规定的性能指标。

④自动化控制:实现整个搅拌过程的智能化操作,减少人为误差。

⑤稳定性和可靠性:能够长时间稳定运行,减少故障停机时间。

⑥环保设计:如配备有效的粉尘收集和处理装置,减少对环境的污染。

一些先进的混凝土搅拌设备还可能具备数据监测和分析功能,以便对生产过程进行优化和质量追溯。选择合适的搅拌设备对于 PC 构件厂提高生产效率、保证产品质量以及降低成本都具有重要意义,完善的配套设施是 PC 构件生产的质量和效率的保障。

(五)养护窑

养护窑是将混凝土构件在养护窑中存放,经过静置、升温、恒温、降温等几个阶段使混凝土构件凝结硬化,从而使强度达到设计要求的区域,如图 1-33 所示。

图 1-33 养护窑

养护窑由窑体、蒸汽系统(或散热片系统)、温度控制系统等组成。

立体养护窑窑体指由型钢组合成的框架,外墙采用保温材料拼合而成,每列构成独立的养护空间,可分别控制各孔位的温度。模具在立体养护窑中经过静置、升温、恒温、降温等几个阶段,使混凝土预制构件强度达到设计要求。

(六)称量设备

电子汽车衡,也常被称为地磅,是一种用于称量车辆及车载货物重量的大型衡器。

在 PC 工厂中,电子汽车衡主要用于对运输原材料(如砂石、水泥等)的车辆以及运输 PC 构件成品的车辆进行称重。安装方式有两种,无基坑安装汽车平衡(见图 1-34)和浅基坑安装汽车平衡(见图 1-35)。

对原材料进行称重,可以准确掌握进入工厂的物料量,便于成本核算和物料管理。而对 PC 构件成品的称重,则有助于确保发货数量的准确性,以及在物流运输环节进行有效的重量监控。

PC 工厂的电子汽车衡通常需要具备以下特点:

①较高的精度和稳定性,以适应频繁且准确称重的需求。

②较强的耐用性,能承受车辆频繁碾压和不同环境条件的影响。

③与工厂其他管理系统相连接的能力,便于数据的整合和分析。

④合适的称量范围,以满足工厂内不同类型车辆和货物的称重要求。

⑤为了保证电子汽车衡的正常运行和准确性,还需要定期进行维护和校准。

图1-34　无基坑安装汽车平衡

图1-35　浅基坑安装汽车平衡

四、钢筋生产线的选型与安装

钢筋生产线是PC构件工厂的重要组成部分,主要完成钢筋原材的切断、弯曲、调直、成型、绑扎、成品储存等工序。目前,我国新建PC构件工厂生产的构件包含外墙板、内墙板、叠合板、预制楼梯、阳台、叠合梁、预制柱、异形构件等。与之对应的有钢筋线材加工设备、钢筋棒材加工设备、钢筋网片加工设备、钢筋弯曲与调直设备、钢筋连接设备、钢筋焊接设备等。

(一)钢筋生产线的选型

1. 钢筋线材加工设备

PC构件工厂常用的钢筋线材为直径5~12 mm的盘圆钢筋,目前钢筋线材加工设备加工的钢筋最大直径已达16 mm。

(1)全自动数控钢筋弯箍机

全自动数控钢筋弯箍机(见图1-36)是一种通过显示屏数字化控制的钢筋加工设备,采用CNC伺服控制系统,可自动完成钢筋矫直、定尺、弯箍、切断等工序,能够弯曲最大直径16 mm的钢筋,连续生产任何平面形状的产品,广泛用于建筑业、大型钢筋加工厂等领域。

(2)多功能弯箍机

多功能弯箍机(见图1-37)能够实现多种钢筋弯曲形状的加工,除了常见的箍筋形状,还能完成各种复杂异形的弯曲样式,具备较高的自动化程度,可完成钢筋的送料、定位、弯曲、切断等一系列动作,大大提高了工作效率,减少人工干预。

图1-36　全自动数控钢筋弯箍机　　　　图1-37　多功能弯箍机

(3)钢筋调直切断机

钢筋调直切断机(见图1-38)是一种专门用于对钢筋进行调直和切断操作的机械设备。一般配备电子控制系统,可方便地设置参数,实现自动化操作,能在短时间内完成大量钢筋的调直和切断工作。

图1-38　钢筋调直切断机

（4）全自动板筋机

全自动板筋机（见图1-39）是一种用于钢筋加工的机械设备，能够实现钢筋的自动上料、调直、切断、弯曲等一系列操作，大大提高了生产效率。

图1-39　全自动板筋机

2. 钢筋棒材加工设备

钢筋棒材加工设备主要包括钢筋剪切机和钢筋弯曲机，主要用于完成直螺纹钢筋（12～28 mm）的定尺切断和弯曲成型。

（1）钢筋剪切机

钢筋剪切机（见图1-40）是一种专门用于切断钢筋的机械设备。它通常具有坚固的结构和锋利的刀片，能够快速、准确地将钢筋剪断。钢筋剪切机有不同的类型和规格，以适应各种直径和材质的钢筋剪切需求。一些先进的钢筋剪切机还具备自动化控制功能，如自动送料、定长切断等，提高工作效率和精度。

图1-40　钢筋剪切机

（2）钢筋弯曲机

钢筋弯曲机（见图1-41）主要用于对钢筋进行弯曲加工。通过调整弯曲机构的角度和位置，可以将钢筋弯曲成不同的形状，如直角、圆弧等。

图 1-41　钢筋弯曲机

3.钢筋网片加工设备

（1）钢筋网片弯曲机

钢筋网片弯曲机（见图 1-42）是一种用于对钢筋网片进行弯曲加工的机械设备。它可以将钢筋网片弯曲成各种形状和角度，以满足不同工程的需求。钢筋网片弯曲机可以提高钢筋网片的加工质量和生产效率，降低劳动强度和生产成本。

图 1-42　钢筋网片弯曲机

（2）柔性钢筋网片生产线

柔性钢筋网片生产线是一种用于生产柔性钢筋网片的自动化设备。它通常由钢筋放线架、钢筋矫直机、钢筋切断机、钢筋网片焊接机、输送装置等组成。

这种生产线的特点是可以生产各种规格和形状的柔性钢筋网片，具有自动化程度高、生产效率高、产品质量稳定等优点。它可以根据用户的需求，自动完成钢筋的放线、矫直、切断、焊接等工序，生产出符合要求的柔性钢筋网片。

4.钢筋弯曲与调直设备

（1）自动化弯筋机

自动化弯筋机是一种用于弯曲钢筋的机械设备，它可以将钢筋按照设计要求弯曲成各种形状和角度。机器可以精确控制弯曲角度和弯曲半径，确保钢筋弯曲的质量和一致性。操作人员只需进行简单的设置和监控，机器就能自动完成弯曲工作。自动化弯筋机通常配备了人性化的操作界面，使操作人员能够轻松设置弯曲参数和进行操作。减少了操作人员与钢筋直接接触的机会，降低了发生工伤事故的风险。

（2）自动化钢筋调直切断机

自动化钢筋调直切断机是一种重要的钢筋加工设备。它能快速将弯曲的钢筋调直，按照设定的长度精确地切断钢筋，通过先进的控制系统实现自动送料、调直、切断等一系列操作，减少人工干预，确保调直和切断后的钢筋质量稳定可靠。

5. 钢筋连接设备

钢筋连接设备主要是钢筋螺纹加工设备，一般包括螺纹钢筋剪切机、钢筋套筒挤压连接机和滚压直螺纹套丝机。

（1）螺纹钢筋剪切机

螺纹钢筋剪切机（见图1-43）是一种加工螺纹钢筋的工具，主要运用于螺纹钢筋的裁剪和切断。

图1-43   螺纹钢筋剪切机

（2）钢筋套筒挤压连接机

钢筋套筒挤压连接机主要用于实现钢筋的套筒挤压连接。通过强大的挤压力，使钢套筒产生塑性变形，从而紧密包裹住钢筋，实现钢筋之间的连接。

（3）滚压直螺纹套丝机

滚压直螺纹套丝机（见图1-44）是用于加工钢筋直螺纹的设备，主要通过滚压的方式在钢筋端部加工出直螺纹，以便后续与带内螺纹的套筒进行连接。

图1-44   滚压直螺纹套丝机

6.钢筋焊接设备

钢筋焊接设备包括钢筋网片焊接生产线(见图1-45～图1-47)和钢筋桁架焊接生产线(见图1-48)两种设备,主要完成内外墙板、叠合板、阳台、楼梯等PC构件用钢筋网片和钢筋桁架的焊接成型。

图1-45　GWC-P盘条上料标准网片焊接生产线

图1-46　GWC-Z直条上料标准网片焊接生产线

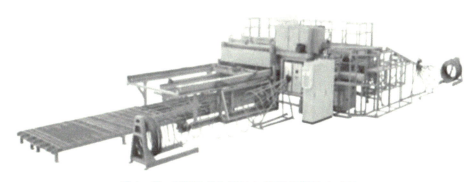

图1-47　GWC-PC柔性钢筋网片焊接生产线

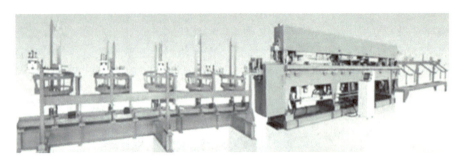

图1-48 钢筋桁架焊接生产线

(二)钢筋生产线布置

1.钢筋生产线的布置原则

钢筋生产线由相对独立的多台(套)设备组成,布置工艺有别于PC构件生产线,又服务于PC构件生产线,钢筋生产线布置应遵循以下几个原则:

①合理:从原材料到成品、从钢筋绑扎到模台钢筋安装,物流方向必须满足PC构件的生产要求。

②合规:原材料、设备安装及成品堆放区必须符合车间基础设计承载能力,水气电配置也必须符合相关规范。

③安全:钢筋加工过程容易发生钢筋伤人的事故,必须在工艺规划中设置安全空间和安全隔离措施。

④高效:采用下料和加工一体化生产线,减少钢筋吊运周转次数。钢筋绑扎及存放区要与PC构件生产线作业模台邻近,方便模台上钢筋制品的安装。

2.钢筋生产线布置要求

钢筋骨架完成绑扎成型后,需尽快就近运至PC构件生产线的相应模台上进行安装就位。在此过程中,需充分运用自动化钢筋加工设备的牵引能力与工序集成技术,以减少钢筋及其制品的起吊频次,并保证钢筋按单方向移动。同时,在钢筋生产线布置方面,要做到功能分区明晰、物流通畅、设备定位恰当等要求,还必须防止吊运钢筋从人员和设备上方通过,从而确保安全生产且高效。

3.钢筋生产线布置注意事项

①设备间距:要保证各设备之间有足够的操作和维护空间,避免相互干扰和碰撞。

②原材料堆放区:应靠近生产线起始端,方便上料,且有合理的规划,避免原材料混乱堆放。

③成品堆放区:位置要便于运输和管理,同时不能影响生产线的正常运转。

④通风与照明:确保生产区域有良好的通风条件和充足的照明,以保障工人健康和操作准确性。

⑤噪声控制:对产生较大噪声的设备采取隔音措施,减少对周边环境的影响。

⑥地面承载:根据设备重量和运行特点,确保地面有足够的承载能力。

⑦安全通道:设置清晰明确的安全通道,保证人员紧急疏散和日常通行。

⑧环保要求：考虑粉尘、废料等的处理和排放，符合环保相关规定。

⑨标识标线：对各区域、设备等进行明确标识，规划好物料和人员的流动路线。

⑩水电气布局：合理规划水、电、气等的供应线路和接口，确保供应稳定且安全。

⑪人员休息区：为工人设置适当的休息区域，保障工作效率。

⑫监控与消防：安装必要的监控设备和消防设施，确保生产安全。

⑬摆放位置：钢筋原材料距离门口要近，以方便钢材运输车的进出及卸货。

任务三 实验室建设

PC工厂须设立实验室，具有PC构件原材料检验、制作过程检验和产品检验的基本能力，配备专业试验人员和基本试验设备。实验室建设不仅要满足信息化、标准化建设的要求，还必须满足必要的检验检测工作要求。实验室内应按照要求配备标准养护室、试配室（成型室）、水泥室、力学室、留样室、骨料室、化学分析室、天平室、高温室和资料室等场所，并且应合理布局，以便与实际工作流程相适应。实验室建设应满足下列要求：

①水泥室、留样室、骨料室、化学分析室、天平室的温度、湿度必须符合规范规定。

②成型室温度应符合规范要求，其面积应能保证正常的混凝土试配、成型需要。

③标准养护室温度、湿度应符合规范要求并能得到有效控制，且应与企业生产能力相适应，试块、试件的放置及养护方式应满足规范要求。

④其他检测场所的清洁、采光、通风、温度、湿度等应满足检验检测及规范的要求，防止环境因素影响检验检测工作。

⑤应按要求配置防火、漏电保护等必要的安全措施。

生产企业的检测、试验、张拉、计量等设备及仪器仪表均应检定合格，并在有效期内使用。企业不具备试验能力的检验项目，应委托具有相应资质的第三方工程质量检测机构进行试验。

一、试验项目

PC工厂实验室基本试验项目见表1-1。

表1-1 PC工厂实验室基本试验项目

序号	试验项目
1	水泥胶砂强度
2	水泥标准稠度用水数量
3	水泥凝结时间
4	水泥安定性

续表1-1

序号	试验项目
5	水泥细度
6	砂的颗粒级配
7	砂的含泥量
8	砂石或卵石的颗粒级配
9	砂石或卵石中针片状和片状颗粒含量
10	砂石或卵石的压碎指标
11	碎石或卵石的含泥量
12	混凝土坍落度
13	混凝土拌合物密度
14	混凝土抗压强度
15	混凝土拌合物凝结时间
16	混凝土配合比设计试验
17	钢筋拉伸性能
18	钢筋弯曲试验
19	掺合物的烧失量、活性指标等
20	钢筋套筒灌浆连接接头抗拉强度

二、主要试验仪器

(一)试验仪器选型采购

试验仪器选型要根据 PC 工厂的试验检测项目,充分考虑工厂以后的远景发展规划,进行初步选定。

选择邀请信誉好的仪器设备生产厂家进行公开竞标采购,选择性价比高的厂家为试验仪器供应商。仪器设备进场后,按照使用说明书、试验规程等的要求和操作步骤,由仪器设备供应方的专业人员对仪器设备进行安装与调试。要经当地具有标定及检定资质的计量机构检定合格,并取得检定或校准证书。

试验仪器采购的流程一般为:

①编制采购文件:详细列明所要购买的设备名称、型号、配置、安装要求及验收要求。

②招标采购:根据采购文件和标的大小,采用公开招标或询价招标的方式进行采购。

③择优确定生产厂家,签订采购合同。

④设备进场验收:按照采购文件和合同对进厂的试验设备进行验收。

⑤根据试验项目、规划布置和使用要求,确定设备的安装位置并进行安装。

⑥对要求进行强制检定的设备进行检定,对不要求强制检定的设备要进行自检。

⑦对检定合格的设备张贴"三色"标志,即准用(绿色)、限用(黄色)和停用(红色)标志。

⑧建立试验设备台账和档案,同时建立试验设备管理员卡片和使用记录制度。

(二)常用试验仪器设备

常用试验仪器设备见表1-2。

表1-2 PC工厂试验仪器配置表

设备编号	设备名称	设备型号
1	抗折抗压一体机	SFK-300/10
2	电子万能试验机	WDL-5
3	电液伺服万能材料试验机	WES-1000B
4		WES-300B
5		DYE-2000D
6	全自动恒应力压力试验机	DYE-1000
7		DYE-3000D
8	电动钢筋标距仪	BJ-5-10
9	水泥胶砂搅拌机	JJ-5
10	水泥稠度和凝结时间仪	ISO
11	水泥净浆搅拌机	NJ-160
12	雷氏夹测定仪	LD-15
13	水泥雷氏夹	LJ-175
14	水泥胶砂振实台	ZT-96
15	水泥胶砂流动度测定仪	NLD-3
16	自动比表面积测定仪	FBT-9
17	水泥自动标准养护水箱	TJSS-Ⅲ
18	标准恒温恒湿养护箱	YH-40B
19	水泥细度负压筛析仪	FSY-150B
20	雷氏沸煮箱	FZ-31A
21	水泥游离氧化钙测定仪	CA-5
22	水泥净浆流动锥	18~18S
23	电子秤	BH-3C
24		TCS-100

续表 1-2

设备编号	设备名称	设备型号
25		HZY-A220
26		LCD-B3000
27	电子天平	HZF-A300C
28		LCD-A1000
29		HZK-FA210
30	单卧轴强制式混凝土搅拌机	HJW-60
31	混凝土维勃稠度仪	VBR-1
32	混凝土振动台	HZJ-A
33	混凝土贯入阻力仪	HG-80
34	水泥砂浆稠度漏斗	
35	混凝土压力泌水仪	SY-2
36	混凝土弹性模量测定仪	TM-2
37	砂浆标准稠度仪	SZ-145
38	混凝土动弹仪	DT-20
39	氯离子含量快速测定仪	CL-5
40	低温试验箱	DWX-180-30
41	自动加压混凝土渗透仪	HP-4.0
42	钢筋锈蚀仪	PS-6
43	混凝土钻心机	HZ-205F
44	可调式电热板	ML-1.8-4
45	可调电炉	2000 W
46	0.9 mm 筛	$\phi 300$
47	波梅氏比重计	
48	0.045 mm 筛	$\phi 150 \times 25$
49	水泥留样桶	20×25
50	震击式振摆仪	ZBSX-92A
51	容量瓶	250 mL
52	箱式电阻炉	SX2-2.5-10
53	pH 计	PHS-25
54	混凝土快速冻融试验机	DR-2F
55	游标卡尺	SF2000
56	细集料亚甲蓝试验搅拌装置	YJL-3

续表 1-2

设备编号	设备名称	设备型号
57	混凝土数字回弹仪	ZC3-T
58	针片状规准仪	
59	空气压塑机	ZB-0.11/7
60	集料压碎指标测定仪	ϕ150 mm
61	千分表	
62	电热鼓风干燥箱	101-2
63	标准养护室自动控温控湿设备	BYS-60
64	锈蚀仪模	95 mm×30 mm×30 mm
65	比长仪	ISOBY-16C
66	比长仪骨架	
67	水泥稠度试模	65 mm×75 mm×40 mm
68	混凝土含气量测定仪	CA-7
69	回弹仪钢钻	GZ-II
70	坍落度筒	
71	水泥抗压夹具	40 mm×40 mm
72	水泥软练试模	40 mm×40 mm×160 mm
73	混凝土容积升	1～50 L
74	砂石漏斗	
75	新标准砂子筛	300
76	新标准石子筛	ϕ300
77	混凝土抗渗试模	175 mm×185 mm×150 mm
78	混凝土抗压试模	150 m^3
79		100 m^3
80	混凝土弹模试模	150 mm×150 mm×300 mm
81	混凝土抗折试模	150 mm×150 mm×550 mm
82	混凝土抗冻试模	100 mm×100 mm×400 mm
83	砂浆试模	70.7 m^3
84	新标准砂	ISO
85	干燥器	ϕ210
86	坩埚钳	中号
87	坩埚	50 mL

续表 1-2

设备编号	设备名称	设备型号
88	甘汞电极	
89	玻璃电极	231
90	复合电极	
91	千分表	
92	秒表	
93	游标卡尺	
94	普通干湿温度计	
95	高级干湿温度表	
96	量筒	100 mL、250 mL、500 mL
97	量杯	1000 mL、500 mL、250 mL

三、相关试验

（一）水泥砂石检测试验

1. 水泥检测试验

（1）水泥细度检测

按照《水泥细度检验方法筛析法》（GB/T 1345）进行。采用45 μm方孔筛和80 μm方孔筛对水泥试样进行筛析试验，用筛上筛余物的质量分数来表示水泥样品的细度。

水泥胶砂强度试验

①负压筛析法：用负压筛析仪，通过负压源产生的恒定气流，在规定筛析时间内使试验筛内的水泥达到筛分。

②水筛法：将试验筛放在水筛座上，用规定压力的水流，在规定时间内使试验筛内的水泥达到筛分。

③手工筛析法：将试验筛在接料盘（底盘）上，用手工按照规定的拍打速度和转动角度，对水泥进行筛析试验。

负压筛析法、水筛法和手工筛析法测定的结果不一致时，以负压筛析法为准。

（2）标准稠度用水量、凝结时间、安定性检测试验

水泥标准稠度用水量、凝结时间、安定性的检测试验按照《水泥标准稠度用水量、凝结时间、安定性检验方法》（GB/T 1346）进行。

①标准稠度用水量：国家标准规定检验水泥的凝结时间和安定性时需用标准稠度的水泥净浆。标准稠度是水泥净浆拌水后的一个特定状态。标准稠度主要是使用贯入法测定。影响标准稠度用水量的因素有矿物成分、细度、混合材料种类及掺量等。水泥越细，比表面积越大，需水量越大。

②凝结时间：水泥从加水开始到失去塑性，即从可塑状态发展到固体状态所需的时间

称为凝结时间。水泥凝结时间分初凝时间和终凝时间。从水泥加水拌和至水泥浆开始失去塑性的时间称为初凝时间;从水泥加水拌和至水泥浆完全失去塑性并开始产生强度的时间称为终凝时间。国家标准规定,硅酸盐水泥的初凝时间不早于45 min,终凝时间不迟于6.5 h(390 min)。

水泥凝结时间的测定,是以标准稠度的水泥净浆在规定温度和湿度下,用凝结时间测定仪来测定。

③安定性:水泥的安定性是指水泥在凝结硬化过程中体积变化的均匀程度(也简称安定性)。如果水泥在凝结硬化过程中产生均匀的体积变化,则为安定性合格,否则即为安定性不良。安定性不良会使水泥制品、混凝土构件产生膨胀性裂缝,降低建筑物质量,甚至引起严重工程事故。

国家标准规定,由游离CaO引起的安定性不良可用沸煮法(分试饼法和雷氏法)检测。在有争议时,以雷氏法为准。

④试验仪器设备:水泥净浆搅拌机、标准法维卡仪、代用法维卡仪、雷氏夹、沸煮箱、雷氏夹膨胀测定仪、量筒或滴定管、天平等。

(3)水泥强度检测试验

①检验方法:以40 mm×40 mm×160 mm棱柱试体的水泥抗压强度和抗折强度测定。

试件是由按水砂(中国ISO标准砂)质量比为1:3的水泥砂浆,用0.5的水胶比拌制的一组塑性胶砂试件。使用中国ISO标准砂的水泥抗压强度结果必须与ISO基准砂的结果相一致。胶砂用行星式搅拌机搅拌,在振实台上成型。也可使用频率为2800~3000次/min、振幅为0.75 mm的振动台成型。

试件连模一起在湿气中养护24 h,然后脱模在水中养护至试验龄期。到试验龄期时将试件从水中取出,先进行抗折强度试验,折断后各部再进行抗压强度试验。

②检测要求:试件成型实验室的温度应保持在(20±2)℃,相对湿度应不低于50%。试件带模养护的养护箱或雾室温度保持在(20±1)℃,相对湿度不低于90%。试件养护池水温应在(20±1)℃范围内。实验室空气温度和相对湿度及养护池水温在工作期间每天至少记录一次。养护箱或雾室的温度与相对湿度至少每4 h记录一次。

③检测设备:包括试验筛、搅拌机、试模、振实台、养护箱、抗折强度试验机、抗压强度试验机及抗压强度试验机用夹具等。

(4)水泥原材其他检测

水泥比表面积检测、水泥密度检测、水泥胶砂流动度检测。

2.砂的检测试验

砂含水检测试验

砂粒径检测试验

砂的样品缩分方法有分料器缩分法和人工四分缩分法。砂的检测试验有筛分析试验、表观密度试验(标准方法或简易法)、吸水率试验、堆积密度与紧密密度试验、含水率试验(标准法或快速法)、砂的含泥量试验(标准法或虹吸管法)、泥块含量试验、氯离子含量试验、人工砂及混合砂中石粉含量试验(亚甲蓝法)、人工砂压碎值指标试验。

3. 碎石或卵石检测试验

石含泥检测试验

石粒径检测试验

碎石或卵石的检测试验包括筛分析试验、含水率试验、堆积密度和紧密密度试验、含泥量试验、针状和片状颗粒的总含量试验、坚固性试验、压碎指标值试验。

(二)混凝土外加剂匀质性检测

混凝土外加剂匀质性试验包括含固量、含水率、密度、pH 值、氯离子含量、水泥净浆流动度等。

(三)矿物掺合料检测试验

矿物掺合料检测试验包括胶砂需水量比、流动度比及活性指数等。

(四)外加剂混凝土性能指标试验

含有外加剂的混凝土应满足:采用《混凝土外加剂》(GB 8076)规定的水泥;符合《建设用砂》(GB/T 14684)中Ⅱ区要求的中砂;符合《建设用卵石、碎石》(GB/T 14685)要求的公称粒径为 5~20 mm 的碎石或卵石。

混凝土试件制作及养护按《普通混凝土拌合物性能试验方法标准》(GB/T 50080)进行,按照规范要求养护后,进行各性能指标的测定。

(五)混凝土试件制作、抗压强度与抗折强度试验

1. 混凝土试件制作

①准备好试模,将试模内表面清理干净,并涂抹脱模剂。

②从搅拌好的混凝土中取出具有代表性的混凝土样品,至少用铁锹再来回拌和 3 次。

③用振动台振实制作试件。将混凝土拌合物一次装入试模,装料时应用抹刀沿各试模壁插捣,并使混凝土拌合物高出试模口。试模应附着在振动台上,振动时试模不得有任何跳动,振动应持续到表面出浆为止。不过振。

④人工插捣制作试件应按下述方法进行:混凝土拌合物分两层装入模内,每层的装料厚度大致相等。插捣应按螺旋方向从边缘向中心均匀进行。在插捣底层混凝土时,捣棒应达到试模底部。插捣上层时,捣棒应贯穿上层后插入下层 20~30 mm;插捣时捣棒应保持垂直,不得倾斜,然后用抹刀沿试模内壁插拔数次;每层插捣次数不得少于 12 次;插捣后应用橡皮锤轻轻敲击试模四周,直至插捣棒留下的孔洞消失为止。

2.混凝土抗压强度试验

（1）试验设备要求

混凝土立方体抗压强度试验所采用压力试验机应为一级精度。试验机上、下压板不符合《混凝土物理力学性能试验方法标准》（GB/T 50081）中"第5.0.3条"规定时，压力试验机上、下压板与试件之间应分别垫有符合标准要求的钢垫板。

混凝土抗压
强度试验

（2）强度值（代表值）的确定

3 个试件测值的算术平均值作为该组试件的强度值（精确至 0.1 MPa）；3 个测值中的最大值或最小值中当有一个与中间值的差值超过中间值的 15% 时，则把最大值及最小值一并舍除，取中间值作为该组试件的抗压强度值；如最大值和最小值与中间值的差均超过中间值的 15%，则该组试件的试验结果无效。

（3）尺寸换算系数

混凝土强度等级小于 C60 时，用非标准试件测得的强度值均应乘以尺寸换算系数，其中 200 mm×200 mm×200 mm 试件所乘系数为 1.05，100 mm×100 mm×100 mm 试件所乘系数为 0.95。当混凝土强度等级不小于 C60 时，宜采用标准试件。使用非标准试件时，尺寸换算系数应由试验确定。

3.混凝土抗折强度试验

试验机应能施加均匀、连续、速度可控的荷载，并带有能使两个相等荷载同时作用在试件跨度 3 分点处的抗折试验装置。

混凝土抗折
强度试验

试件的支座和加荷头应采用直径为 20～40 mm、长度不小于 $b+10$ mm（b 为试件截面宽度）的硬钢圆柱，支座立脚点应为固定铰支，其他应为滚动支点。

当试件尺寸为 100 mm×100 mm×400 mm 非标准试件时，应乘以尺寸换算系数 0.85；当混凝土强度等级不小于 C60 时，宜采用标准试件；使用非标准试件时，尺寸换算系数应由试验确定。

（六）钢筋及焊接接头试验

1.钢筋试验

（1）拉力试验

试验一般在室温 10～35 ℃范围内进行。首先准备好钢筋试样，对其进行精确测量。然后将试样安装在拉力试验机上，启动试验机，施加逐渐增大的拉力。在试验过程中，持续记录拉力的大小以及钢筋相应的变形情况。随着拉力不断增加，观察钢筋是否出现屈服现象，继续加载直至钢筋断裂。通过分析记录的数据，可得出钢筋的屈服强度、抗拉强度和断后伸长率等重要力学性能指标，从而评估钢筋的质量和性能是否符合要求。

钢筋拉拔试验

（2）冷弯试验

选取合适的钢筋试样，将其安放在冷弯试验机上。通过试验机缓慢施加弯曲力，使钢筋按照规定的角度进行冷弯。在冷弯过程中，密切观察钢筋是否有裂缝、起层、断裂等现象。试验完成后,检查钢筋的弯曲部分,以判断其是否满足相关标准对于冷弯性能的要求。该试验主要用于检验钢筋在承受弯曲变形时的塑性变形能力和韧性。

2.焊接接头试验

(1)焊接接头拉伸试验

针对电阻点焊、闪光对焊、电弧焊和预埋件埋弧压力焊的焊接接头,进行拉伸试验。试验目的是测定焊接接头抗拉强度,观察断裂位置和断口特征,判定塑性断裂或脆性断裂。根据钢筋的级别和直径,应选用适配的拉力试验机或万能试验机。试验前,应选用适合于试样规格的夹紧装置,要求夹紧装置在拉伸过程中,始终将钢筋夹紧,并与钢筋间不产生相对滑移。判定的标准是试样抗拉强度均不得小于该级别钢筋规定的抗拉强度。

(2)焊接接头弯曲试验

针对闪光对焊、窄间隙焊、气压焊的焊接接头进行弯曲试验。试验目的是检验钢筋焊接接头承受规定弯曲角度的弯曲变形性能和可能存在的焊接缺陷。试样受压面的金属毛刺和镦粗变形部位可用砂轮等工具加工,使其达到与母材外表齐平,其余部位可保持焊后状态(即焊态)。

弯曲试验可在压力机或万能试验机上进行。进行弯曲试验时,试样应放在两支点上,并应使焊缝中心与压头中心线一致,应缓慢地对试样施加弯曲力,直至达到规定的弯曲角度或出现裂纹、破断为止。在试验过程中,应采取安全措施,防止试样突然断裂造成人员受伤。

(七)灌浆连接套筒试验

1.钢筋套筒接头制作与试验

每种型式、级别、规格、材料、工艺的钢筋连接灌浆接头,型式检验试件不应少于9个,同时应另取3根钢筋试件做抗拉强度试验。全部试件所用钢筋均应在同一根钢筋上截取。截取钢筋的长度应满足检测设备的要求,在待连接钢筋上按设计锚固长度做检查标志。接头灌浆完成后,制作不少于3组(每组3块)的灌浆材料抗压强度检测试块。

灌浆材料完全凝固后,取下接头试件,与灌浆材料抗压强度检测试块一起置于标准养护环境下养护28 d。养护到期后,接头试验前,应先进行1组灌浆材料抗压强度的试验,灌浆材料抗压强度达到接头设计要求时方可进行接头型式检验。若材料养护试件不足28 d,但灌浆材料试块的抗压强度达到设计要求时,也可以进行接头型式检验。

2.力学性能

灌浆套筒应与使用的灌浆材料匹配使用,采用灌浆套筒连接,钢筋接头的抗拉强度应符合《钢筋机械连接技术规程》(JGJ 107)中Ⅰ级接头的规定。

套筒拉拔试验

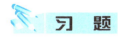 习 题

一、填空题

1. 合理安排厂房的出入口,每个生产车间出入口不应少于_____个,为保证车辆通过性,宽度以_____为宜,高度不小于_____。

2. 为充分利用堆场空间,龙门式起重机跨度宜_____,采用_____悬挑,悬挑端设计为_____布置。

3. 厂区道路要区分人行道与机动车道,机动车道宽度一般在_____。

4. 常用 PC 构件的制作工艺有两种:_____和_____。

5. 固定式的生产工艺共有三种形式:_____工艺、_____工艺和_____工艺。

6. 国内成熟的自动化流水生产线均采用以_____与_____为支撑、_____驱动整张模台进行运转的流水线生产方式。

7. PC 构件生产线一般采用_____布置。

8. _____独立固定于地面上,作为模台的承载输送轮,无动力。

9. 养护窑是将混凝土构件在养护窑中存放,经过_____、_____、_____和_____等几个阶段使混凝土构件凝结硬化从而使强度达到设计要求的区域。

10. 实验室应按要求配置_____、_____等必要的安全措施。

二、简述题

1. 简述 PC 构件工厂的总体规划应遵循的原则。

2. 简述搅拌站具备的特点。

3. 简述钢筋生产线的布置原则。

4. 简述水泥细度检测的方法。

5. 简述人工插捣制作试件的方法。

项目一习题答案

PC 构件生产准备

素质目标
1. 培养学生遵守技术标准和岗位职责,服务祖国建设的爱国情怀;
2. 培养学生做好生产前的各项准备工作的习惯,树立安全发展理念;
3. 培养学生严谨细致、安全操作、团结协作的职业素养。

知识目标
1. 熟悉 PC 构件生产的相关准备工作;
2. 熟悉 PC 构件工厂机构设置及岗位职责;
3. 掌握技术交底内容;
4. 掌握生产所需的材料及工装要求。

能力目标
1. 能适应 PC 构件工厂的岗位职责要求;
2. 能正确实施 PC 构件生产线构件生产的准备工作;
3. 能落实技术交底工作;
4. 能根据生产任务工单选用材料及工装系统。

任务一　管理组织机构与人员准备

一、管理组织机构

为确保正常运转和产品质量,应设置 PC 构件工厂各职能部门,可以根据生产任务的多少、企业管理模式的差异进行个性化的调整和岗位合并,但部门管理职责不能缺失。一般包括管理层、行政管理部门、生产车间。

(一)管理层

PC 构件工厂管理层可以根据企业自身的管理模式进行设定,一般设书记、厂长、副厂长、总工程师、安全总监等。

(二)行政管理部门

PC 构件工厂行政管理部门一般包括办公室、研发设计中心、生产管理部、实验室、安全质量部、计划合同部、经营销售部、财务部、物资保障部、设备维护部。为确保工厂的正常运转和产品质量,设置的部门可以根据生产任务的多少、企业管理模式的差异进行个性化的调整和合并。

(三)生产车间

PC 构件工厂生产车间包括 PC 构件生产线、混凝土搅拌站、钢筋生产线。还可以划分为不同班组,如混凝土搅拌班组、钢筋生产班组、模板整修组装班组、钢筋网片运输安装班组、构件混凝土运输浇筑班组、构件生产班组、机械维修班组。

二、岗位和工种

预制构件生产企业应具备保证产品质量要求的生产工艺设施、试验检测条件,并建立完善的质量管理体系和可追溯的质量控制制度,有持证要求的岗位应持证上岗。

(一)管理与技术岗位

一般设置计划统计、人事管理、物资采购管理、技术管理、质量管理、设备管理、安全管理、工艺设计、模具设计、实验室管理等岗位。

(二)工种

PC 工厂需要的技术工种有钢筋工、模具工、浇筑工、修补工、电工、电焊工、起重工、锅炉工、叉车工等;持证上岗的特殊工种有电工、电焊工、起重工、叉车工、锅炉工等。

三、部门职责

(一)办公室

负责工厂日常管理、上下级接洽、党务工作、工会工作、出差考勤等。

(二)研发设计中心

负责装配式建筑的结构设计、预制生产工艺设计、安装施工工艺设计、BIM 技术应用等。

(三)生产管理部

负责 PC 构件预制生产、装配施工、产品存放管理、生产进度管控、实验室管理等。

(四)实验室

负责实验室原材料、半成品、成品试验检测,各种配合比设计与优化、现场试测等。

(五)安全质量部

负责车间安全生产、工厂安全管理、构件预制质量、质量回访、维修等。

(六)计划合同部

负责下达预制生产计划、合同管理、成本管理、经济效益分析等。

(七)经营销售部

负责完成销售订单、产品销售、客户回访等。

（八）财务部

负责工资发放、资金管理、参与经济效益分析等。

（九）物资保障部

负责各种原材料、辅助件的采购、点验、入库、出库结余等。

（十）设备维护部

负责 PC 生产线、钢筋生产线等设备的维护检修、维护等。

四、岗位职责

（一）车间主任

全面负责车间生产、质量、安全、进度工作及搅拌站的管理工作。

（二）车间技术主管

①对 PC 构件生产技术及生产质量负直接责任，指导生产人员开展有效的技术管理工作；提出贯彻改进 PC 构件生产的质量目标和措施；负责 PC 构件生产过程控制。

②负责 PC 构件生产技术交底，并制订构件生产计划。

③对 PC 构件生产过程质量、安全工作负领导责任并直接指导。

④依据 PC 构件质量目标，制订质量管理工作规划，负责质量管理，行使质量监察职能。

⑤落实工厂 PC 构件生产中新材料、新技术、新工艺的推广应用工作。

⑥落实工厂质量体系审核，制订本部门不合格项的纠正和预防措施，进行整改和验证。

（三）质检员

①PC 构件生产的质量检查管理工作。

②负责 PC 构件生产过程隐蔽工程检查及预制构件出厂质量检查工作，监控 PC 构件生产质检工作的具体实施情况，包括技术实施、质量成品保护等。

③及时上报质量问题。

④参与 PC 构件生产中新材料、新技术、新工艺的推广应用工作。

⑤参与质量体系审核，制订本部门不合格项的纠正和预防措施，并进行整改和验证。

（四）安全员

①负责 PC 构件生产中的安全管理工作。

②编制和呈报安全计划、安全专项方案和制订具体的安全措施，定期组织安全检查，如有问题及时监督整改。

（五）材料员

①负责各类辅助件、辅助材料的采购与发放、登记工作。

②负责本车间内小型工器具（扁担梁、接驳器、扳手等）的分发收回等管理工作；参与 PC 构件生产中新材料、新技术、新工艺的推广应用工作。

③参与质量体系审核,制订本部门不合格项的纠正和预防措施,并进行整改和验证。

(六)试验员

①负责车间内混凝土、钢筋、保温板、连接件等的抽样试验及检测工作。

②负责原材料及混凝土质量控制,并对生产质量进行有效的监控。

③负责对混凝土及原材料质量情况进行统计分析,定期向主管领导上报资料,参与PC构件生产中新材料、新技术、新工艺的推广应用试验工作。

④参与质量体系审核,制订本部门不合格项的纠正和预防措施,并进行整改和验证。

任务二 技术准备

PC构件制作前应编制技术方案,技术负责人对生产技术人员进行现场交底,并要求被交底人严格按照生产操作规程作业,上道工序未经检查验收合格,不得进行下道工序。

一、技术方案类别

PC构件制作的技术方案设计主要涉及以下方面:

①生产计划技术方案。

②模具设计技术方案。

③固定灌浆套筒、波纹管、浆锚孔内模、预埋件、预留孔内模、机电预埋管线与线盒专项技术方案。

④固定灌浆套筒、波纹管、浆锚孔等成型后的构件检查方案。

⑤技术质量控制措施方案。

⑥成品存放、运输和保护方案。

⑦灌浆套筒接头检验技术方案。

⑧钢筋间隔件(保护层块)布置方案。

⑨夹芯保温外墙板的制作方案。

⑩构件脱模起吊和翻转方案。

⑪构件厂内运输、装卸、存放方案。

⑫半成品、成品保护方案。

⑬芯片埋设技术方案。

⑭敞口构件的临时拉结技术方案。

⑮伸出钢筋架定位方案。

⑯修补的技术方案。

⑰冬期构件制作专项方案。

二、技术交底

技术交底是车间技术主管人员在项目开工前,向有关管理人员和施工作业人员介绍工程概况和特点、设计意图、采用的施工工艺、操作方法和技术保证措施等情况。

(一) 技术交底要点

①技术交底中要明确技术负责人、施工员、管理人员、操作人员的责任。

②当预制构件部品采用新技术、新工艺、新材料、新设备时,应进行详细的技术交底。

③技术交底应按"技术主管—班组长—操作人员"分层次进行交底。

④技术交底必须在作业前进行,应该有书面的技术交底资料,最好有示范、样板等演示资料,可通过微信、视频等方法发布技术交底资料,方便员工随时查看。

⑤要做好技术交底的记录,作为履行职责的凭据。技术交底记录的表格应有统一标准格式,交底人员应认真填写表格并在表格上签字,接受交底的人员也应在交底记录上签字。

(二) 技术交底内容

①原、辅材料采购与验收要求技术交底。

②配合比要求技术交底。

③模具组装与脱模技术方案。

④套筒灌浆接头加工技术交底。

⑤钢筋骨架制作与入模技术交底。

⑥套筒或浆锚孔内模或金属波纹管固定方法技术交底。

⑦预埋件或预留孔内模固定方法技术交底。

⑧机电设备管线、防雷引下线埋置、定位、固定技术交底。

⑨混凝土浇筑技术交底。

⑩夹芯保温外墙板的浇筑方式(一次成型法或二次成型法)、拉结件锚固方式等技术交底。

⑪构件蒸养技术交底。

⑫各种构件吊具使用技术交底。

⑬非流水线生产的构件脱模、翻转、装卸技术交底。

⑭各种构件场地存放、运输隔垫技术交底。

⑮形成粗糙面方法技术交底。

⑯构件修补方法技术交底。

⑰装饰一体化构件制作技术交底。

⑱新构件、大型构件或特殊构件制作工艺技术交底。

⑲敞口构件、"L"形构件运输临时加固措施技术交底。

⑳半成品、成品保护措施技术交底。

㉑构件编码标识设计与植入技术交底等。

三、技术交底案例

(一)叠合板生产安全技术交底

1. 一般安全生产要求

①新入场的工人必须经过三级安全教育,考核合格后,才能上岗作业;特种作业和特种设备作业人员必须经过专门的培训,考核合格并取得操作证后才能上岗。

②必须接受安全技术交底,并清楚其内容,生产中严格按照安全技术交底作业。

③按要求使用劳保用品;进入施工现场,必须戴好安全帽,扣好帽带。

④施工现场禁止穿拖鞋、高跟鞋和易滑、带钉的鞋,杜绝赤脚、赤膊作业,不准疲劳作业、带病作业和酒后作业。

⑤工作时要思想集中,坚守岗位,遵守劳动纪律,不准在现场随意乱窜。

⑥不准破坏现场的供电设施和消防设施,不准私拉乱接电线和私自动用明火。

⑦预制厂内应保持场地整洁、道路通畅,材料区、加工区、成品区布局合理,机具、材料、成品分类分区摆放整齐。

⑧进入施工现场必须遵守施工现场安全管理制度,严禁违章指挥、违章作业;做到"三不伤害":不伤害自己、不伤害他人、不被他人伤害。

2. 墙板生产工具及材料

①生产工具:磁盒、螺栓、卷尺、滚刷、扁刷、撬棍、橡胶管等。

②生产材料:脱模剂、缓凝剂、垫块、橡胶条、内埋式螺母、灯盒、扎丝、密封条等。

3. 生产工艺流程

生产准备→画线→涂刷脱模剂→模具组装→钢筋安装→埋件预埋→浇筑前质量验收→浇捣、拉毛→养护→脱模存放。

4. 生产操作要点

(1)模具清理

启动清扫机,模台开始运转,当模台通过清理设备时,设备上的刮板降下来铲除模台上残余的混凝土。

(2)放线

机械手根据设计图纸,在模台上绘制出叠合板的边线和预埋件的位置线。用卷尺测量构件边线的长度,测量预埋件中心线至构件边线的距离,查看埋件数量,确保各项检查数据符合设计要求。

(3)模台涂刷脱模剂

将模台运转至喷涂机位置,启动设备,设备上的多个喷嘴同时工作,确保模台表面都能喷到脱模剂。

(4)模具组装

①在模具底面贴上密封条,避免模台面不平整时,混凝土浆液流出模具外;然后根据模台上的构件边线,将模具贴合在模台上。

②用卷尺检查模具的长、宽、对角线,误差较大的用橡胶锤敲打模具,使其移动到正确的位置;用钢尺检查模具的高度;用塞尺检查模具的缝隙。

③模具测量调整后,用边模固定磁盒将边模固定在模台上,用扳手将螺栓拧紧,注意每个边模上固定的磁盒不宜少于 3 个。

④在模具内侧面涂刷缓凝剂,以便构件冲洗后形成粗糙面。

(5)钢筋安装

①根据图纸领取对应的钢筋,在钢筋上标记模具位置线,然后将叠合板分布筋和受力筋放入模具内,用扎丝绑扎固定。

②将桁架钢筋放置在叠合板底筋上,并用扎丝绑扎牢固。

③根据构件图纸,在吊点位置绑扎吊点加强筋,并用红漆在桁架钢筋上进行标示,便于起吊时吊具的连接。

④在钢筋底面安装塑料垫块,垫块间距 300～800 mm 为宜。

(6)预埋件埋设

①将型号符合设计要求的灯盒放置在模台指定位置上,用两根短钢筋将灯盒两侧夹紧,与叠合板钢筋网绑扎固定,顶部用短钢筋与钢筋网或桁架筋绑扎,将灯盒压紧固定。

②安放斜支撑螺栓套筒时预先对螺纹涂油保护,并将螺纹孔洞封堵;在螺栓下部焊接三根短钢筋,将套筒放在指定位置并用扎丝将短钢筋与叠合板钢筋绑扎固定。

③叠合板预留洞口采用定制的金属模具来预留,预埋前涂刷好脱模剂,以便顺利脱模;将处理好的金属模具放在指定位置,两侧用两根钢筋夹住,绑扎在钢筋网上固定,上部使用一根钢筋加固,钢筋两端绑扎在钢筋网上。

(7)浇捣前质量验收

用卷尺检查模具尺寸是否符合设计要求,检查边模是否安装牢固。检查预埋件的安装位置及数量,确认预埋件是否安装牢固。用卷尺测量钢筋的外伸长度及排距,确保误差在允许范围内。

(8)混凝土浇筑、振捣

①混凝土浇筑前,在边模与钢筋的缝隙中填塞橡胶条,以防浇筑混凝土时,浆液流出模具外;在桁架钢筋上盖上橡胶管,避免浇筑时混凝土浆液粘在桁架钢筋上。

②将来自搅拌站的混凝土运送至模台上方的料斗内,开启设备,料斗从模具一端开始浇筑,不要太靠近外边模,将混凝土均匀浇筑在模具内。

③开启振动台,时间控制为 15～30 s,确保混凝土振捣密实。

④混凝土浇筑完成后,立即对布料机进行清洗,避免混凝土凝固后增加清洗难度。

(9)拉毛

①拆除桁架钢筋上用来覆盖的橡胶管。

②将振捣完成后的叠合板运转至拉毛工位,拉毛机对叠合板的上表面进行拉毛处理,以保证叠合板和后浇筑的混凝土能够较好地结合。

(10)预养护

叠合板表面拉毛后,将模台运转至预养护窑内进行预养护。预养护的温度一般控制在 25 ℃左右,养护湿度不低于 60%,构件预养护强度达到 1.2 MPa 以上即可进行蒸汽养护。

（11）养护

将模台运转至立体养护窑内，根据构件类型，设置好养护温度、时间等参数，启动系统养护即可。

（12）脱模存放

①构件脱模前，用回弹仪测试预制件的强度，达到 15 MPa 以上方可脱模起吊。鉴于仪器的敏感度和操作方法的差异，一般须在不同的点位测试 3 次以上。

②使用撬棍拆除固定磁盒，拆除模具上的密封条，用电动扳手拆除工装与模具之间连接的螺栓，确保模具之间的连接部分完全拆除。用橡胶锤敲打边模，使边模与构件分离，将拆下的边模收集起来，运送至边模清理区。

③用保护层厚度仪测量钢筋的保护层厚度，用卷尺检查钢筋的外伸长度，测量预埋件至构件边线的距离。观察混凝土外表面，混凝土外观不应有严重缺陷；用卷尺测量构件尺寸，各检查部分符合验收规范。

④将吊钩与叠合板桁架钢筋上标示的吊点位置连接，然后连接龙门吊的吊钩，将叠合板吊起 200～300 mm，略作停顿，再次检查吊挂是否牢固，确认无误后继续吊运。

⑤将吊起的叠合板吊运至清洗区，用高压水枪冲刷叠合板的四边，使其露出粗糙面。

⑥将冲洗完成后的叠合板吊至构件临时存放区，在临时存放区放置钢制托架，将构件放在钢制托架上；堆放叠合板时，上下两层叠合板间用垫木分隔，叠放高度不得超过1.5 m。

5. 质量要求

（1）生产材料

①用于混凝土构件的金属埋件，应做镀锌处理。

②用于预制件使用的主要材料，经检验符合工程使用要求后方可用于预制构件生产。

③用于预制件使用的辅料，经检查符合工程使用要求后方可用于预制构件生产。

（2）构件模具

①使用模具厂加工定型模具。

②与混凝土接触的模具面应清理打磨，模板面平整干净，不得有锈迹和油污。

③使用水性脱模剂作混凝土隔离剂，脱模剂应涂刷均匀，不得有集余和局部未喷涂现象。水性脱模剂涂刷后应在 8 h 内浇筑混凝土，防止水性脱模剂涂刷时间长造成的模板生锈情况。

④水洗面处理的模板面应涂刷缓凝剂，涂刷后的缓凝剂不得出现流淌现象。非水洗面的模板面和钢筋面不得有缓凝剂。

⑤易出现漏浆的孔洞间隙应采取相应的封堵措施，防止因漏浆导致的外观质量缺陷。

⑥安装后的模板内不得有积水和其他杂物，使用温度不得超过 45 ℃。

⑦模板安装后安装人员进行检验，应全数检查，预制构件模具安装的偏差及检验方法应符合表 2-1 的规定。符合模板安装质量要求后通知技术部门进行专项检验，模板首次使用时应全数检查，使用过程中的模板应抽查 10%，且不少于 5 件。

表2-1　预制构件模具安装的偏差及检验方法

项目		允许偏差/mm	检验方法
长度	≤6 m	1，-2	用尺量平行构件高度方向，取其中偏差绝对值较大处
	>6 m且≤12 m	2，-4	
	>12 m	3，-5	
宽度、高(厚)度	墙板	1，-2	用尺测量两端或中部，取其中偏差绝对值较大处
	其他构件	2，-4	
底模表面平整度		2	用2 m靠尺和塞尺量
对角线差		3	用尺量对角线
侧向弯曲		L/1500且≤5	拉线，用钢尺量测侧向弯曲最大处
翘曲		L/1500	对角拉线测量交点间距离值的两倍
组装缝隙		1	用塞片或塞尺量测，取最大值
端模与侧模高低差		1	用钢尺量

注：L为模具与混凝土接触面中最长边的尺寸。

（3）钢筋（埋件）加工及安装

①预制构件使用的钢筋应平直、无损伤，表面不得有裂纹、油污、颗粒状或片状老锈。

②钢筋加工的形状、尺寸应符合设计要求，其偏差应符合表2-2的规定。

表2-2　钢筋加工的形状、尺寸偏差

项目	允许偏差/mm
受力钢筋沿长度方向的净尺寸	±10
弯起钢筋的弯折位置	±20
箍筋外廓尺寸	±5

③完成成型的钢筋骨架应分类堆放，经检验合格的钢筋骨架须悬挂检验合格标识牌并记录，不合格品应及时修正或做报废处理。

④钢筋安装偏差及检验方法符合表2-3的规定。

表2-3　钢筋安装偏差及检验方法

项目		允许偏差/mm	检验方法
钢筋网片	长、宽	±5	钢尺检查
	网眼尺寸	±10	钢尺量连续三挡，取最大值
	对角线	5	钢尺检查
	端头不齐	5	钢尺检查

续表 2-3

项目		允许偏差/mm	检验方法
钢筋骨架	长	0,-5	钢尺检查
	宽	±5	钢尺检查
	高（厚）	±5	钢尺检查
	主筋间距	±10	钢尺量两端、中间各一点,取最大值
	主筋排距	±5	钢尺量两端、中间各一点,取最大值
	箍筋间距	±10	钢尺量连续三挡,取最大值
	弯起点位置	15	钢尺检查
	端头不齐	5	钢尺检查
保护层	柱、梁	±5	尺量检查
	板、墙	±3	钢尺和塞尺检查

⑤保护层垫块应结构合理,造型匀称,便于使用。保护层垫块宜采用塑料类垫块,且应与钢筋笼绑扎牢固。垫块按梅花状布置,间距不宜大于 600 mm。

⑥钢筋分项自检及专检结果符合要求方可进行下一道工序,且应有检验记录。

⑦构件上的预埋件和预留孔洞宜通过模具进行定位,并安装牢固,其安装偏差及检验方法应符合表 2-4 的规定。

表 2-4　预埋件和预留孔洞安装偏差及检验方法

项目		允许偏差/mm	检验方法
预埋管、电线盒、电线管水平和垂直方向的中心线位置偏移、预留孔、浆锚搭接预留孔（或波纹管）		2	用尺量测纵、横两个方向的中心线位置,取其中较大值
插筋	中心线位置	3	用尺量测纵、横两个方向的中心线位置,取其中较大值
	外露长度	+10,0	用尺量测
吊环	中心线位置	3	用尺量测纵、横两个方向的中心线位置,取其中较大值
	外露长度	0,-5	用尺量测
预埋螺栓	中心线位置	2	用尺量测纵、横两个方向的中心线位置,取其中较大值
	外露长度	+5,0	用尺量测

续表 2-4

项目		允许偏差/mm	检验方法
预埋螺母	中心线位置	2	用尺量测纵、横两个方向的中心线位置,取其中较大值
	平面高差	±1	钢直尺和塞尺检查
预留洞	中心线位置	3	用尺量测纵、横两个方向的中心线位置,取其中较大值
	尺寸	+3,0	用尺量测纵、横两个方向尺寸,取其中较大值
灌浆套筒及连接钢筋	灌浆套筒中心线位置	1	用尺量测纵、横两个方向的中心线位置,取其中较大值
	连接钢筋中心线位置	1	用尺量测纵、横两个方向的中心线位置,取其中较大值
	连接钢筋外露长度	+5,0	用尺量测

(4)混凝土浇筑、振捣

①混凝土拌合物符合施工方案要求方可浇筑使用,拌合物性能不符合浇筑要求的混凝土禁止浇筑使用,通知实验室处理。

②和易性异常的混凝土严禁施工浇筑和制作试件。

③拌制的混凝土拌合物从搅拌至浇筑完成,宜在 60 min 内完成。

(5)构件脱模

①构件混凝土强度能保证其表面及棱角不因脱模板而受损坏,方可拆除侧模。侧模拆除时间根据混凝土强度增长情况观测确定。构件侧面混凝土颜色还是青色,还没有泛白时严禁拆除模板。

②拆除模板应采用相应的辅助工具作业,避免大力操作损伤模板或混凝土构件。

(6)构件成品

①预制构件生产时应采取措施避免出现外观质量缺陷。外观质量缺陷根据其影响结构性能、安装和使用功能的严重程度,划分为严重缺陷和一般缺陷(表 2-5)。

表 2-5   构件外观质量缺陷分类

名称	现象	严重缺陷	一般缺陷
露筋	构件内钢筋未被混凝土包裹而外露	纵向受力钢筋有露筋	其他钢筋有少量露筋
蜂窝	混凝土表面缺少水泥砂浆而形成石子外露	构件主要受力部位有蜂窝	其他部位有少量蜂窝

续表2-5

名称	现象	严重缺陷	一般缺陷
孔洞	混凝土中孔穴深度和长度均超过保护层厚度	构件主要受力部位有孔洞	其他部位有少量孔洞
夹渣	混凝土中夹有杂物且深度超过保护层厚度	构件主要受力部位有夹渣	其他部位有少量夹渣
疏松	混凝土中局部不密实	构件主要受力部位有疏松	其他部位有少量疏松
裂缝	裂缝从混凝土表面延伸至混凝土内部	构件主要受力部位有影响结构性能或使用功能的裂缝	其他部位有少量不影响结构性能或使用功能的裂缝
连接部位缺陷	构件连接处混凝土有缺陷或连接钢筋、连接件松动	连接部位有影响结构传力性能的缺陷	连接部位有基本不影响结构传力性能的缺陷
外形缺陷	缺棱掉角、棱角不直、翘曲不平、飞边凸肋等	清水混凝土构件有影响使用功能或装饰效果的外形缺陷	其他混凝土构件有不影响使用功能的外形缺陷
外表缺陷	构件表面麻面、掉皮、起砂、沾污等	具有重要装饰效果的清水混凝土构件有外表缺陷	其他混凝土构件有不影响使用功能的外表缺陷

②预制楼板类构件外形尺寸允许偏差应符合表2-6的规定。

表2-6 预制楼板类构件外形尺寸允许偏差及检验方法

项目		允许偏差/mm	检验方法
规格尺寸	长度 <12 m	±5	尺量两端及中间部,取其中偏差绝对值较大值
	长度 ≥12 m 且<18 m	±10	
	长度 ≥18 m	±20	
	宽度	±5	尺量两端及中间部,取其中偏差绝对值较大值
	厚度	±5	用尺量板四角和四边中部位置共8处,取其中偏差绝对值较大值
对角线差		6	在构件表面,用尺量测两对角线的长度,取其绝对值的差值
表面平整度	内表面	4	用2 m靠尺安放在构件表面上,用楔形塞尺量测靠尺与表面之间的最大缝隙
	外表面	3	
楼板侧向弯曲		L/750 且≤20 mm	拉线,钢尺量最大弯曲处
扭翘		L/750	四对角拉两条线,量测两线交点之间的距离,其值的2倍为扭翘值

续表 2-6

项目		允许偏差/mm	检验方法
预埋钢板	中心线位置偏差	5	用尺量测纵、横两个方向的中心线位置,取其中较大值
	平面高差	0,-5	用尺紧靠在预埋件上,用楔形塞尺量测预埋件平面与混凝土面的最大缝隙
预埋螺栓	中心线位置偏差	2	用尺量测纵、横两个方向的中心线位置,取其中较大值
	外露长度	+10,-5	用尺量
预埋线盒、电盒	在构件平面的水平方向中心位置偏差	10	用尺量
	与构件表面混凝土高差	0,-5	用尺量
预留孔	中心线位置偏差	5	用尺量测纵、横两个方向的中心线位置,取其中较大值
	孔尺寸	±5	用尺量测纵、横两个方向尺寸,取其中较大值
预留洞	中心线位置偏差	5	用尺量测纵、横两个方向的中心线位置,取其中较大值
	洞口尺寸、深度	±5	用尺量测纵、横两个方向尺寸,取其中较大值
预留插筋	中心线位置偏差	3	用尺量测纵、横两个方向的中心线位置,取其中较大值
	外露长度	±5	用尺量
吊环、木砖	中心线位置偏差	10	用尺量测纵、横两个方向的中心线位置,取其中较大值
	留出高度	0,-10	用尺量
桁架钢筋高度		5,0	用尺量

(二)其他构件生产安全技术交底

墙板生产安全技术
交底案例

夹心墙板生产安全
技术交底案例

夹心保温外墙吊装
安全技术交底案例

预制梁生产安全
技术交底案例

预制柱生产安全
技术交底案例

预制楼梯生产安全
技术交底案例

任务三　材料准备

一、主要生产材料

（一）混凝土原材料

1. 水泥

水泥进厂检验应符合下列规定：

①同一厂家、同一品种、同一代号、同一强度等级且连续进厂的硅酸盐水泥，袋装水泥不超过 200 t 为一批，散装水泥不超过 500 t 为一批；按批抽取试样进行水泥强度、安定性和凝结时间检验，设计有其他要求时，尚应对相应的性能进行试验，检验结果应符合现行国家标准《通用硅酸盐水泥》（GB 175）的有关规定。

②同一厂家、同一强度等级、同白度且连续进厂的白色硅酸盐水泥，不超过 50 t 为一批；按批抽取试样进行水泥强度、安定性和凝结时间检验，设计有其他要求时，尚应对相应的性能进行试验，检验结果应符合现行国家标准《白色硅酸盐水泥》（GB/T 2015）的有关规定。

2. 砂、碎石

砂、碎石进厂检验应符合下列规定：

①同一厂家（产地）且同一规格的骨料，不超过 400 m³ 或 600 t 为一批。

②天然细骨料按批抽取试样进行颗粒级配、细度模数、含泥量和泥块含量试验；机制砂和混合砂应进行石粉含量（含亚甲蓝）试验；再生细骨料还应进行微粉含量、再生胶砂需水量比和表观密度试验。

③天然粗骨料按批抽取试验进行颗粒级配、含泥量、泥块含量和针片状颗粒含量试验，压碎指标可根据工程需要进行检验；再生粗骨料应增加微粉含量、吸水率、压碎指标和表观密度试验。

④检验结果应符合国家现行标准《普通混凝土用砂、石质量及检验方法标准》（JGJ 52）、《混凝土用再生粗骨料》（GB/T 25177）和《混凝土和砂浆用再生细骨料》（GB/T 25176）的有关规定。

3. 轻集料

轻集料（见图 2-1）进厂检验应符合下列规定：

①同一类别、同一规格且同密度等级的轻集料，不超过 200 m³ 为一批。

②轻细集料按批抽取试样进行细度模数和堆积密度试验，高强轻细集料还应进行强

度标号试验。

③轻粗集料按批抽取试样进行颗粒级配、堆积密度、粒形系数、筒压强度和吸水率试验,高强轻粗集料还应进行强度等级试验。

④检验结果应符合现行国家标准《轻集料及其试验方法 第1部分:轻集料》(GB/T 17431.1)的有关规定。

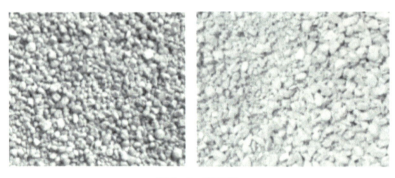

图2-1 轻集料

4. 矿物掺合料

矿物掺合料(见图2-2)进厂检验应符合下列规定:

图2-2 矿物掺合料

①同一厂家、同一品种、同一技术指标的矿物掺合料、粉煤灰和粒化高炉矿渣不超过200 t为一批,硅灰不超过30 t为一批。

②按批抽取试验进行细度(比表面积)、需水量比(流动度比)和烧失量试验;设计有其他要求时,尚应对相应的性能进行试验;检验结果应分别符合相应掺合料现行标准、规范的要求。

5. 混凝土拌制及养护用水

混凝土拌制及养护用水应符合现行行业标准《混凝土用水标准》(JGJ 63)的有关规定,并应符合下列规定:

①采用饮用水时,可不检验。

②采用中水、搅拌站清洗水或回收水时,应对其成分进行检验,同一水源每年至少检验一次。

6. 外加剂

减水剂(见图 2-3)进厂检验应符合下列规定：

图 2-3　减水剂

①同一厂家、同一品种的减水剂,掺量大于 1%(含 1%)的产品不超过 100 t 为一批；掺量小于 1% 的产品不超过 50 t 为一批。

②按批抽取试样进行减水率、1 d 抗压强度比、固体含量、含水率、pH 和密度试验。

③检验结果应符合国家现行标准《混凝土外加剂》(GB 8076)、《混凝土外加剂应用技术规范》(GB 50119)和《聚羧酸系高性能减水剂》(JG/T 223)的有关规定。

(二)钢筋

1. 原材钢筋

原材钢筋(见图 2-4)进厂时,应全数检查外观质量,并应按国家现行有关标准规定抽取试件做屈服强度、抗拉强度、伸长率、弯曲性能和质量偏差检验,检验结果应符合相关标准规定,检查数量应按进厂批次和产品的抽样检验方案确定。

图 2-4　原材钢筋

2. 成型钢筋

成型钢筋(见图 2-5)进厂检验应符合下列规定：

①成型钢筋进场时,应检查成型钢筋的质量证明文件及检验报告。同一厂家、同一类型且同一钢筋来源的成型钢筋,不超过 30 t 为一批,每批中每种钢筋牌号、规格均应至少

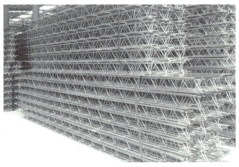

图 2-5　成型钢筋

抽取 1 个钢筋试件,总数不少于 3 个,进行屈服强度、抗拉强度、伸长率、外观质量、尺寸偏差和重量偏差检验,检验结果应符合国家现行有关标准的规定。

②对由热轧钢筋组成的成型钢筋,当有企业或监理单位的代表驻厂监督加工过程并能提供原材料力学性能检验报告时,可仅进行质量偏差检验。

3.预应力筋及预应力筋用锚具、夹具和连接器

预应力筋进厂应全数检查外观质量,并应按国家现行相关标准规定抽取试件做抗拉强度、伸长率检验,其检验结果应符合相关标准规定,检查数量应按进厂的批次和产品的抽样检验方案确定。预应力螺旋筋见图 2-6。

预应力筋用锚具、夹具(见图 2-7)和连接器进厂检验应符合下列规定:

图 2-6　预应力螺旋筋　　　　　　　图 2-7　预应力筋用锚具、夹具

①同一厂家、同一型号、同一规格且同一批号的锚具不超过 2000 套为一批,夹具和连接器不超过 500 套为一批。

②每批随机抽取 2% 的锚具(夹具或连接器)且不少于 10 套进行外观质量和尺寸偏差检验,每批随机抽取 3% 的锚具(夹具或连接器)且不少于 5 套对有硬度要求的零件进行硬度检验。经上述两项检验合格后,应从同批锚具(夹具或连接器)中随机抽取 6 套锚具(夹具或连接器)组成 3 个预应力筋用锚具(夹具或连接器)组装件,进行静载锚固性能试验。

③对于锚具(夹具或连接器)用量较少的一般工程,如锚具供应商提供了有效的锚具(夹具或连接器)静载锚固性能试验合格的证明文件,可仅进行外观检查和硬度检验。

④检验结果应符合现行行业标准《预应力筋用锚具、夹具和连接器应用技术规程》(JGJ 85)的有关规定。

(三)模具

模具(见图2-8)在使用前应做好以下技术准备工作:

①模具安装前必须进行清理,清理后的模具内表面的任何部位不得有残留杂物。

②模具安装应按模具安装方案要求的顺序进行。

③固定在模具上的预埋件、预留孔应位置准确、安装牢固,不得遗漏。

④模具安装就位后,接缝及连接部位应有接缝密封措施,不得漏浆。

⑤模具安装后相关人员应进行质量验收。

⑥模具验收合格后模具面应均匀涂刷界面剂,模具夹角处不得漏涂,钢筋、预埋件不得沾有界面剂。

⑦脱模剂应选用质量稳定、适于喷涂、脱模效果好的脱模剂,并应具有改善混凝土构件表观质量的功能。

图2-8　模台清理、模具安装

(四)灌浆套筒连接材料

钢筋套筒按照结构形式分为半灌浆套筒和全灌浆套筒(见图2-9)。

半灌浆套筒:一端采用灌浆方式连接,另一端采用螺纹连接的灌浆套筒。一般用于预制墙、柱主筋连接。

全灌浆套筒:接头两端均采用灌浆方式连接的灌浆套筒。主要用于预制梁主筋的连接,也可以用于预制墙、柱主筋的连接。

钢筋套筒灌浆连接(见图2-10)是指在金属套筒中插入钢筋并灌注水泥基灌浆料的钢筋机械连接方式。

灌浆套筒进厂检验应符合下列规定：

①同一批号、同一类型、同一规格的灌浆套筒，不超过1000个为一批，每批随机抽取10个灌浆套筒。

②抽取灌浆套筒检验外观质量、标识和尺寸偏差，灌浆套筒灌浆端用于钢筋锚固的深度（见图2-11中的L_0）及最小内径与连接钢筋公称直径差值的要求：全灌浆套筒的两个灌浆端均宜满足$8d_s$的要求，半灌浆套筒的灌浆端宜满足$8d_s$的要求（d_s为连接钢筋公称直径）。

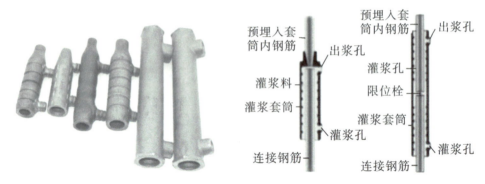

图2-9　半灌浆套筒（左）和全灌浆套筒（右）　　图2-10　钢筋套筒灌浆连接示意图

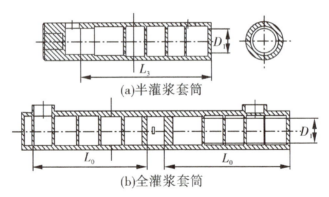

L_0—灌浆端用于钢筋锚固的深度；D_1—锚固段环形突起部分的内径

图2-11　灌浆连接套筒示意图

二、辅助生产材料

（一）保温材料

夹心外墙板（见图2-12）宜采用挤塑聚苯板或聚氨酯保温板（见图2-13）作为保温材料，保温材料除应符合设计要求外，尚应符合现行国家和地方标准要求。

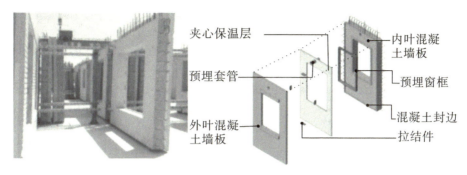

图 2-12　夹心外墙板及构造示意图

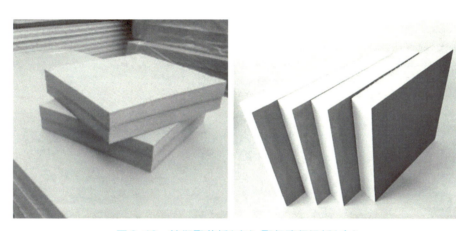

图 2-13　挤塑聚苯板(左)、聚氨酯保温板(右)

保温材料进厂检验应符合下列规定：

①同一厂家、同一品种且同一规格的保温材料，不超过 5000 m² 为一批，按批抽取试样进行导热系数、密度、压缩强度、吸水率和燃烧性能试验。

②聚苯板主要性能指标应符合现行国家标准《绝热用模塑聚苯乙烯泡沫塑料(EPS)》(GB/T 10801.1)和《绝热用挤塑聚苯乙烯泡沫塑料(XPS)》(GB/T 10801.2)的规定。

③聚氨酯保温板主要性能指标应符合现行国家行业标准《聚氨酯硬泡复合保温板》(JG/T 314)的有关规定。

(二)连接件

外墙保温拉接件用于连接预制保温墙体内、外层混凝土墙板，传递墙板剪力，以使内外层墙板形成整体的连接器。拉接件宜选用纤维增强复合材料或不锈钢薄钢板加工制成(见图 2-14)。

内外叶墙体连接件进厂检验应符合下列规定：

①同一厂家、同一类别、同一规格的产品，不超过 10000 件为一批，按批抽取试样进行外观尺寸、材料性能、力学性能检验，检验结果应符合设计要求。

②金属及非金属材料拉接件均应具有规定的承载力、变形和耐久性能，并经过试验验证。

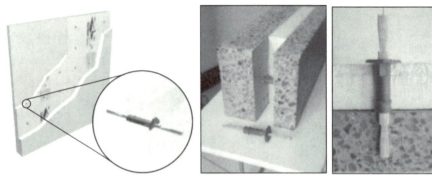

图2-14 内外叶墙体连接件

③拉接件应满足夹心外墙板的节能设计要求。

（三）水电预埋件

常用预埋件（见图2-15）进厂检验应符合下列规定：

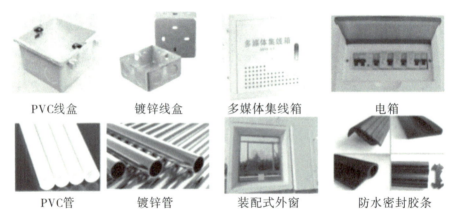

PVC线盒　　　镀锌线盒　　　多媒体集线箱　　　电箱

PVC管　　　镀锌管　　　装配式外窗　　　防水密封胶条

图2-15 常用预埋件

①预埋件的材料、品种、规格、型号应符合现行国家相关标准的规定和设计要求。

②预埋件的防腐防锈性能应满足现行国家标准《工业建筑防腐蚀设计标准》（GB 50046）和《涂覆涂料前钢材表面处理　表面清洁度的目视评定　第1部分：未涂覆过的钢材表面和全面清除原有涂层后的钢材表面的锈蚀等级和处理等级》（GB/T 8923.1—2011）的规定。

③管线的材料、品种、规格、型号应符合现行国家相关标准的规定和设计要求。

④管线的防腐防锈性能应满足现行国家标准《工业建筑防腐蚀设计标准》（GB 50046）和《涂覆涂料前钢材表面处理　表面清洁度的目视评定　第1部分：未涂覆过的钢材表面和全面清除原有涂层后的钢材表面的锈蚀等级和处理等级》（GB/T 8923.1—2011）的规定。

⑤门窗框的品种、规格、性能、型材壁厚、连接方式等应符合现行国家相关标准的规定

和设计要求。

⑥防水密封胶条的质量和耐久性应符合现行国家相关标准的规定,防水密封胶条不应在构件转角处搭接。

(四)外装饰材料

随着外墙保温装饰一体化技术应运而生,预制外墙板可采用涂料饰面,也可采用面砖或石材饰面。装饰材料在工厂预制时直接用于外墙板面层,制作为装配式一体化外墙板(见图 2-16)。

涂料饰面装配式外墙板　　面砖饰面装配式外墙板

结构保温装饰一体化外墙板

图 2-16　装配式一体化外墙板

外装饰材料进厂检验应符合下列规定:

①涂料和面砖等外装饰材料的质量应符合现行国家相关标准的规定和设计要求。

②当采用面砖饰面时,宜选用背面带燕尾槽的面砖,燕尾槽尺寸应符合现行国家相关标准的规定和设计要求。

③当采用石材饰面时,厚度 30 mm 以上的石材应对石材背面进行处理,并安装不锈钢卡勾,卡勾直径不应小于 4 mm。

④其他外装饰材料应符合现行国家相关标准的规定。

任务四　工装准备

与传统的建造形式相比,预制构件在工厂生产及运输时,在工艺装备(工装)应用方面存在较大差异。

一、生产工装系统

预制构件制作时,需使用多种标准或非标准的工装,下面以构件制作时常规工序流程为主线,从工序名称、工装名称及照片、主要用途、控制要求、流程示意、重点工装介绍、质量控制要点等几个方面,介绍梁、柱、墙、板等预制构件制作过程中需使用的标准或非标准化工装系统及其应用。

(一)制作工序

预制构件主要制作工序见图 2-17。

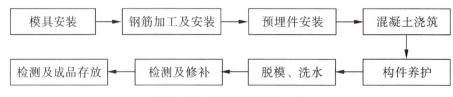

图 2-17   预制构件制作工序

(二)各工序工装简介

1.模具安装常用工装

预制构件模具安装过程中主要使用的工装有清理类(铁锤、平头铁铲、手磨机、砂纸、扫把)、涂刷类(毛刷、小桶、滚刷)、装拆类(两用扳手、棘轮扳手、电动扳手、撬杠)、磁盒、玻璃胶枪、物品存放架等(见图 2-18)。

图 2-18   模具安装常用工装

模具安装常用工装主要用途及要求如下：

①铁锤：用于敲配件、清除表模具面混凝土；要求高碳钢材质、木质握柄，硬度大，抗冲击性强。

②平头铁铲：用于铲除模台异物；要求不易变形、硬度大，不损伤模台面。

③手磨机：用于清理模台、除锈；要求电压/频率：220 V/50 Hz，功率：≥120 W。

④砂纸：用于清理模具表面异物、除去铁锈等；要求精度≥320 目。

⑤扫把：用于清扫模具面；要求便于使用、耐用。

⑥毛刷：用于刷缓凝剂、脱模剂；要求刷涂均匀，涂刷厚度不超过 3 mm。

⑦小桶：用于装脱模剂、缓凝剂；要求方便耐用。

⑧滚刷：用于涂刷脱模剂；要求涂刷均匀，涂刷厚度不超过 3 mm。

⑨两用扳手：用于装拆螺栓；要求强度高。

⑩棘轮扳手：用于装拆螺栓；要求强度高。

⑪电动扳手：用于快速装拆螺栓；要求电压/频率 220 V/50 Hz，适用范围：M12 ～ M20。

⑫撬杠：用于松紧模具配件；要求耐用、强度大、不变形。

⑬磁盒：用于固定模具边板；要求间距要求不超过 0.5 m。

⑭玻璃胶枪：用于堵模具缝隙、孔洞；要求使用方便、经久耐用。

⑮物品存放架：用于存放模具；要求配件牢固，不易掉落。

2. 钢筋安装常用工装

钢筋安装常用工装有钢筋支架、钢筋钩、钢筋扳手、自锁链条吊扣、卷尺、石笔等（见图 2-19）。

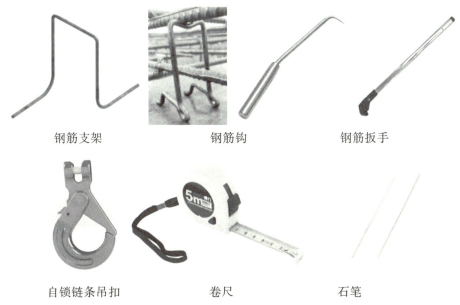

钢筋支架　　　　　钢筋钩　　　　　钢筋扳手

自锁链条吊扣　　　　卷尺　　　　　石笔

图 2-19　钢筋安装常用工装

钢筋安装常用工装主要用途及要求如下：

①钢筋支架：用于架起构件上层钢筋；要求定位准确。

②钢筋钩：用于绑扎钢筋；要求使用方便、经久耐用。

③钢筋扳手：用于弯折钢筋；要求直径 16 mm 以内钢筋适用。

④自锁链条吊扣：用于吊运钢筋笼；要求必须有足够的强度、刚度及稳定性，安全性能好。

⑤卷尺：用于测量定位；要求误差±1 mm。

⑥石笔：用于定位画点；要求钢筋中心线偏差±5 mm。

3. 预埋件安装常用工装

预埋件安装常用工装有磁座、螺杆、十字螺钉、牛皮胶带、弯管弹簧、线管钳、线盒定位块、胶波、蝴蝶扣、穿孔棒、穿孔胶塞、波纹管固定架、波纹管磁性吸盘等（见图 2-20）。

磁座	螺杆	十字螺钉
牛皮胶带	弯管弹簧	线管钳
线盒定位块	胶波与蝴蝶扣	穿孔棒
穿孔胶塞	波纹管固定架	波纹管磁性吸盘

图 2-20　预埋件安装常用工装

预埋件安装常用工装主要用途及要求如下：

①磁座：用于固定预埋螺栓（反打工艺），要求磁座预留螺栓完全拧入预埋螺栓。

②螺杆：用于固定预埋螺栓（正打工艺），要求螺杆需完全拧入预埋螺栓。

③十字螺钉：用于连接定位铁块与线盒，要求螺钉需拧紧。

④牛皮胶带：用于堵缝及堵孔，要求与连接部位紧密接触，并按压挤出空气。

⑤弯管弹簧：用于辅助弯曲线管，要求端部连接一条铁丝，完全插入线管里。

⑥线管钳：用于弯曲、定型、剪切线管，要求线管切口需平整。

⑦线盒定位块：用于固定预留管或预留洞；要求磁座与钢板需紧密连接，对拉杆需拧紧。

⑧胶波：用于固定吊钉，形成半球形吊钉位；要求吊钉头部需完全被胶波覆盖紧密。

⑨蝴蝶扣：用于将胶波固定在模具边板；要求一边伸入胶波，一边与模具边板紧密固定。

⑩穿孔棒：用于预留铝模孔；要求固定穿孔棒，防止偏移、倾斜。

⑪穿孔胶塞：用于固定灌浆套筒底部；要求胶塞需完全拧入灌浆套筒底部，并拧紧。

⑫波纹管固定架：用于固定波纹管（正打工艺）；要求需用钢丝将波纹管顶部绑扎在固定架的预留杆上。

⑬波纹管磁性吸盘：用于固定波纹管（反打工艺）；要求混凝土振捣时，捣棒不能碰到磁性吸盘，以免造成波纹管移位。

（三）混凝土浇筑常用工装

混凝土浇筑常用工装有坍落度筒、捣棒、高精度钢尺、红外测温仪、运料斗、长柄铁铲、手持式振捣棒、木抹子、抹刀、拉毛机（刷）、铝方通等（见图 2-21）。

混凝土浇筑常用工装主要用途及要求如下：

①坍落度筒、捣棒、高精度钢尺：用于测量混凝土坍落度，要求测量从料斗放出 10 s 后的混凝土坍落度。

②红外测温仪：用于测量混凝土温度，要求测量从料斗放出 10 s 后的混凝土温度。

③运料斗：用于运输下料，要求混凝土进入运料斗后需在 30 min 内使用完。

④长柄铁铲：用于二次摊平混凝土；要求局部布料不均匀时，人工用铁铲铺平。

⑤手持式振捣棒：用于振捣密实混凝土；要求振捣时快插慢拔，先大面后小面；振点间距不超过 300 mm，且不得靠近洗水面模具。

⑥木抹子：用于第一遍整平；边角处需细抹。

⑦抹刀：用于表面压光、抹面；边角处需细抹。

⑧拉毛机（刷）：用于叠合板表面拉毛；粗糙面的深度需不小于 4 mm。

⑨铝方通：用于墙板抹平；边角处需细抹。

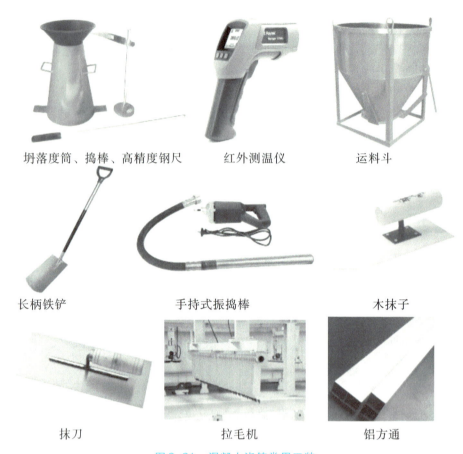

坍落度筒、捣棒、高精度钢尺　　红外测温仪　　运料斗

长柄铁铲　　手持式振捣棒　　木抹子

抹刀　　拉毛机　　铝方通

图2-21　混凝土浇筑常用工装

(四)养护常用工装

养护常用工装有摇臂式喷头、薄膜等(见图2-22)。

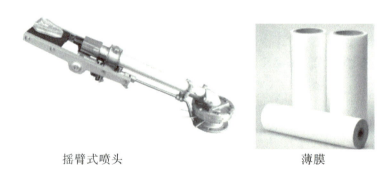

摇臂式喷头　　薄膜

图2-22　养护常用工装

(五)脱模、洗水常用工装

脱模、洗水常用工装有两用扳手、套筒扳手、撬杠、吊梁、吊链、吊环(卸扣)、铁锤、手持喷码机、洗水枪等(见图2-23)。

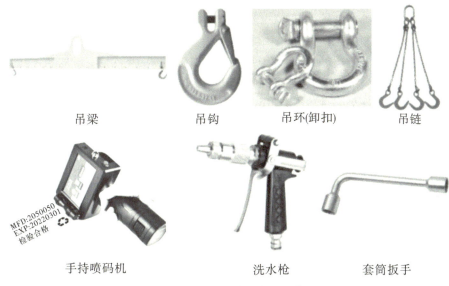

吊梁　　　　　吊钩　　　　　吊环(卸扣)　　　　吊链

手持喷码机　　　　　洗水枪　　　　　套筒扳手

图 2-23　脱模、洗水常用工装

脱模、洗水常用工装主要用途及要求如下：

①两用扳手：用于松动预埋件，要求强度高，开口深度、精度符合产品尺寸和精度要求。

②套筒扳手：用于松动预埋件，要求套筒头加硬加厚开口深度、精度符合产品尺寸和精度要求。

③撬杠：用于将构件脱离模具、配件，要求耐用、强度大、不变形。

④吊梁：用于预制构件的起吊，要求下方设置专用吊钩，用于悬挂吊索。

⑤吊钩：用于悬挂在起升机构的钢丝绳上，要求有合格证书，表面应光滑，不得有裂纹、划痕、刨裂、锐角等现象存在，应每年检查一次，不合格者应停止使用。

⑥吊链：用于起重机械中吊取重物，要求保证无扭结、破损、开裂，不能在吊带打结、扭、绞状态下使用，不能超载和持久承受荷载。

⑦吊环(卸扣)：用于吊装、起重和运输领域的吊具，要求具有 360°旋转功能和防止生锈的特点。

⑧手持喷码机：用于对预制构件信息进行标识，要求字迹清晰、规整，二维码识别度高。

⑨洗水枪：用于冲洗混凝土表面形成毛面水面，要求水枪能 360°调节出水，水压大且出水稳定无漏水。

(六)检查及修补常用工装

检查及修补常用工装有水平尺、角尺、吊线坠、灰铲、电锤、钢丝刷、毛刷、砂纸等(见图 2-24)。

检查及修补常用工装主要用途及要求如下：

①水平尺：用于水平度检查；要求质量轻、不易变形、精度高。

②角尺:用于预制构件直角检查;要求测量面和基准面相互垂直不易变形。

③吊线坠:用于垂直度检查;要求坠的质量适中,满足使用要求。

④灰铲:用于预制件表面修补;要求铲身耐用、不易变形,铲柄为实木材质。

⑤电锤:用于构件表层处理;要求电压/频率,220 V/50 Hz,功率,≥1200 W。

⑥钢丝刷:用于构件表面处理;要求不易断丝、耐用。

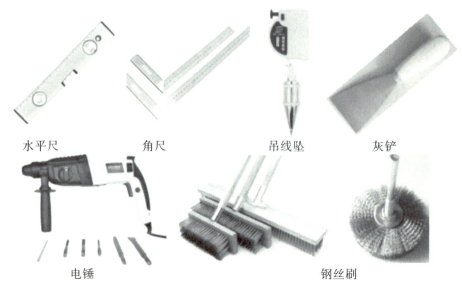

水平尺　　　　角尺　　　　吊线坠　　　　灰铲

电锤　　　　　　　钢丝刷

图 2-24　检查及修补常用标准工装

(七)检测及成品存放常用工装

检测及成品存放常用工装有钢筋保护层测定仪、回弹仪、翻转架、木方、存放架等(见图 2-25)。

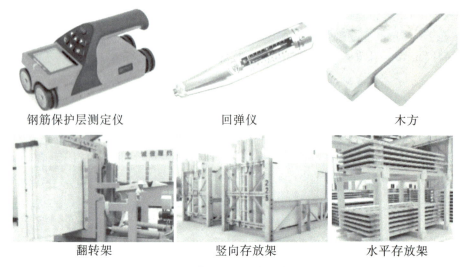

钢筋保护层测定仪　　　　回弹仪　　　　木方

翻转架　　　　竖向存放架　　　　水平存放架

图 2-25　检测及成品存放常用工装

检测及成品存放常用工装主要用途及要求如下：

①钢筋保护层测定仪：用于钢筋保护层厚度测定，具有布筋扫描功能；要求最大允许误差±2 mm，避免进水、高温（>50 ℃），无强电磁场干扰。

②回弹仪：用于回弹法检测混凝土强度，要求中心导杆精度高、耐磨损。

③木方：用于作为构件的垫块，要求防腐性好。

④翻转架：用于构件的摆放位置调整，要求运行稳定、安全可靠、操作方便。

⑤竖向存放架：用于竖向预制构件存放，要求与预制件匹配，存放安稳。

⑥水平存放架：用于水平预制构件存放，要求与预制件匹配，存放安稳。

二、吊装工装系统

预制构件吊装应根据其形状、尺寸及质量等要求选择适宜的吊具，吊具应按现行国家相关标准的规定，经进行设计验算或试验检验合格后方可使用。在对吊梁（起重架）吊点位置、吊绳（吊索）及吊点连接安装检查完毕后，经构件试吊运行正常后，方可开始进行构件起吊。

（一）起吊设备

预制构件起吊设备主要有桁吊、龙门吊（见图 2-26）。

起吊设备的主要用途及要求如下：

①桁吊：用于构件生产车间内工器具、构件的起重、吊装、转运；

②龙门吊：用于堆场内构件的起重、转运。

起吊设备要按照不同的吊装工况和构件类型选，并依据使用规范进行吊装作业。

桁吊　　　　　　　　　　　　　　龙门吊

图 2-26 起吊设备

（二）起吊工装系统

预制构件起吊常用工装有吊具（吊梁、吊架、吊钩、卸扣、万向吊头）、索具（吊索、吊链）、手拉（电动）葫芦、内螺纹套筒吊索系统、TPA 扁钢吊索具系统、球头（内丝）吊具系统等，见图 2-27。

起吊工装系统的主要用途及要求如下：

①吊具：通常由链条、绳索、滑轮等组成，用于支撑物料；要求符合构件吊装要求，安全可靠，外部无磨损、锈蚀、开裂、变形等缺陷。

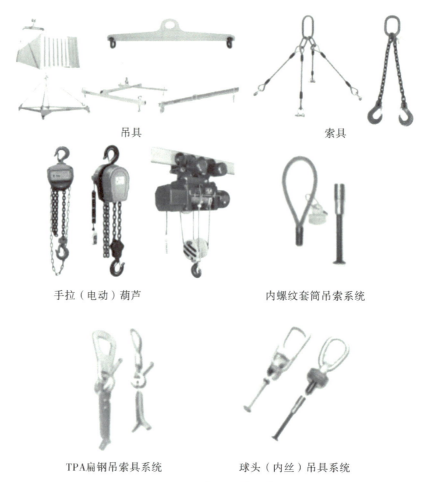

吊具   索具

手拉（电动）葫芦   内螺纹套筒吊索系统

TPA扁钢吊索具系统   球头（内丝）吊具系统

图2-27 起吊工装系统

②索具：通常由绳索、滑轮、钢丝绳等组成，用于牵引物料；要求有足够的承载能力，能够保证在重物悬挂时不发生断裂、变形等事故。

③手拉（电动）葫芦：用于构件的起重、悬吊和搬运；要求易于操作、自重轻，安全可靠、经久耐用、操作简单、使用维修简便。

④内螺纹套筒吊索系统：有多种直径的滚丝螺纹套筒，是经济型的吊装系统，适用于吊装重量较轻的预制构件；要求承重不可超出额定荷载。

⑤TPA扁钢吊索具系统：多种吊钉形式可选，用于厚度较薄的预制构件的吊装（如薄内墙板、薄楼板）；要求起重量范围2.5～26 t。

⑥球头（内丝）吊具系统：由高强度特种钢制造，适用于各种预制构件，特别是大型竖向构件吊装（如预制剪力墙、预制柱、预制梁及其他大跨度构件）；要求起重量范围1.3～45 t。

习　题

一、填空题

1. 质检员负责＿＿＿＿＿＿＿＿＿＿＿＿＿＿＿＿＿＿；＿＿＿＿＿＿负责各类辅助件、辅助材料的采购与发放、登记工作。

2. 边模固定在模台上,每个边模上固定的磁盒不宜少于＿＿＿＿个。

3. 同一厂家、同一品种、同一代号、同一强度等级且连续进厂的硅酸盐水泥,袋装水泥不超过＿＿＿＿为一批,散装水泥不超过＿＿＿＿为一批。

4. 成型钢筋进场时,应检查成型钢筋的＿＿＿＿＿及＿＿＿＿＿。同一厂家、同一类型且同一钢筋来源的成型钢筋,不超过＿＿＿＿为一批。

5. 钢筋套筒按照结构形式分类,分为＿＿＿＿＿和＿＿＿＿＿。

二、选择题

1. 预制构件主要制作工序正确的是(　　　)。

A. 模具安装、检测及成品存放、钢筋加工及安装、检测及修补、预埋件安装、脱模及洗水、混凝土浇筑、构件养护

B. 模具安装、钢筋加工及安装、检测及修补、预埋件安装、脱模、洗水、混凝土浇筑、构件养护、检测及成品存放

C. 模具安装、钢筋加工及安装、预埋件安装、混凝土浇筑、脱模、洗水、构件养护、检测及修补、检测及成品存放

D. 模具安装、预埋件安装、钢筋加工及安装、混凝土浇筑、构件养护、脱模、洗水、检测及修补、检测及成品存放

2. 模具安装常用工装中用于清扫模台、除锈的是(　　　)。

A. 毛刷　　　　　　B. 扫把　　　　　　C. 手磨机　　　　　　D. 砂纸

3. 模具安装需准备的外加剂有(　　　)。

A. 速凝剂　　　　　B. 缓凝剂　　　　　C. 防冻剂　　　　　D. 脱模剂

4. 检测及成品存放常用工装有(　　　)。

A. 钢筋保护层测定仪　B. 吊梁　　　　　C. 回弹仪　　　　　D. 吊环

5. 夹心外墙板宜采用(　　　)作为保温材料。

A. 聚氨酯保温板　　　B. 岩棉　　　　　C. 保温砂浆　　　　D. 挤塑聚苯板

三、简述题

1. 选择 PC 构件生产厂适合自己的岗位,并简述其岗位职责。

2. 举例说明预埋件安装常用工装及其用途。

3. 简述起吊工装系统的使用要求。

项目二习题答案

项目三　PC 构件生产工艺

素质目标
1.培养学生严谨细致、认真负责的工作态度；
2.培养学生的安全意识、环保意识和质量意识；
3.培养学生较强的自我学习和提升的意愿。

知识目标
1.了解相关建筑标准、规范对 PC 构件的要求；
2.熟悉 PC 构件生产的工艺流程；
3.掌握 PC 构件生产关键技术。

能力目标
1.能有效地组织和管理生产过程；
2.能正确实施 PC 构件生产工艺流程；
3.能对生产中的问题进行分析和解决。

任务一　叠合板生产

一、叠合板生产图识读

叠合板生产前,工厂要准备好叠合板构件生产图。叠合板构件生产图详细规定了构件的形状、尺寸、配筋、预埋件位置等关键信息。工人们可以明确知晓每个构件的具体规格和工艺要求,从而合理安排生产流程、选择合适的材料和设备,并进行精确的加工和装配。

预制叠合板构件识读

叠合板构件生产图既是工厂生产叠合板构件的依据,也是质量控制的重要依据,在生产过程中可以对照检查,保证生产出的叠合板构件符合设计标准和质量要求。

(一)图纸组成

叠合板生产图主要由图纸说明、模板图和配筋图组成。

图纸说明提供了整体的设计思路、技术要求、材料规格等通用性的信息。模板图包含板模板图、正剖面图和侧剖面图,清晰展示了叠合板的外形轮廓和尺寸,正剖面图和侧剖面图则能从不同角度呈现板的内部构造细节。配筋图包含板配筋图和底板配筋表,板配筋图详细描绘了钢筋的布置方式和规格,底板配筋表则以表格形式明确列出相关配筋信息。

(二)图纸识读

组成图纸的三要素是图形、表格和文字。识读图纸时,首先要读取文字,然后读取表格,最后识读图形。先读取文字,可以快速了解图纸的总体要求、说明等关键信息,为后续读图奠定基础;接着读取表格,能获取具体的参数、数据等重要内容;最后识读图形,能全面把握整体的结构和形态。按照这样的顺序,能够系统、准确地理解图纸所传达的全部信息。

以下面图纸为例,进行叠合板生产图图纸识读。

预制叠合板为半预制构件,下部为预制混凝土板,外露部分为桁架钢筋。建筑工程施工时,叠合楼板在施工现场安装到位后,进行叠合板现浇层钢筋的绑扎,然后浇筑混凝土,从而与预制层结合,成为整体的实心楼板。

如图3-1所示,从图纸尺寸标注可知,叠合板混凝土下表面长为3760 mm,宽为3310 mm。从叠合板的模板图可以看出,叠合板四周都有钢筋伸出叠合板,混凝土上表面设置有6个吊点位置。

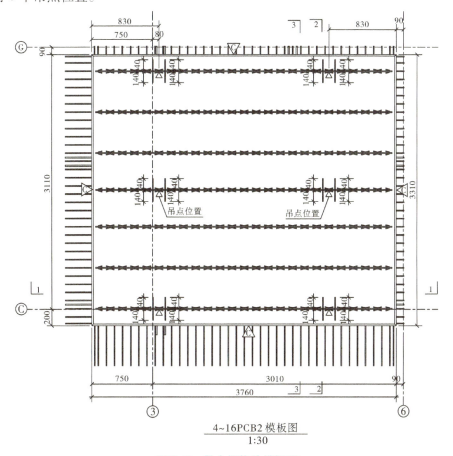

图3-1　叠合板构件模板图

图3-1中从三个位置分别做了剖切位置线。如图3-2所示,剖面图1-1、2-2、3-3中,符号△表示叠合板四个侧面为混凝土粗糙面,叠合板底板厚60 mm。如图3-3叠合板构件配筋详图所示,从构造详图中可知底板侧面为不规则的形状,下部可以看作矩形,

高 40 mm,上部为梯形,在每个吊点两侧设置有加强筋,加强筋长度可以从模板图或钢筋列表中得到为 280 mm。

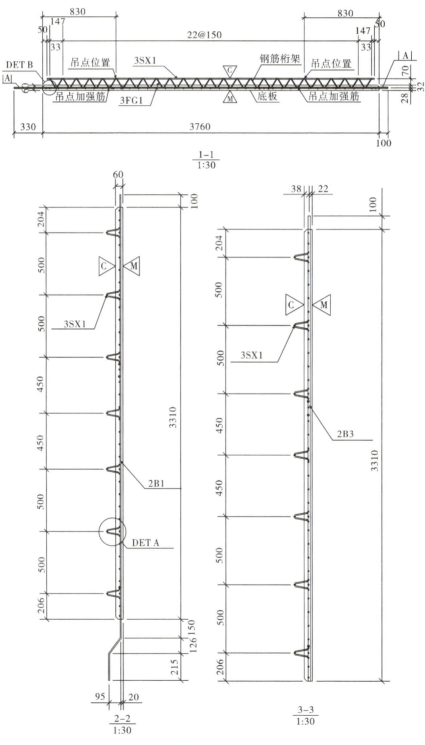

图 3-2   叠合板构件模板剖面图

图 3-2 1-1 剖面图中,平行于桁架方向的板底分布筋 1A1 两端都伸出混凝土外,右侧伸出 100 mm,左侧伸出 330 mm,总长度为 4190 mm。

图 3-2 2-2 剖面图中,垂直于桁架方向的板底受力筋 2B1 两端都伸出混凝土外,上端伸出长度为 100 mm,下端要弯曲一定的角度伸出,总长度为 3930 mm。

图 3-2 3-3 剖面图中,2B3 为底板底部加强筋,其一端伸出混凝土外,伸出长度为 100 mm,叠合板上钢筋间的间距在 3-3 剖面图中有反映,可以看到它们之间并不是等距。

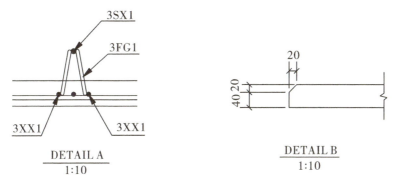

图 3-3　叠合板构件配筋详图

如图 3-4 所示,在叠合板的混凝土上表面设置有钢筋桁架筋,构造详图中钢筋桁架筋由上弦钢筋、下弦钢筋及腹杆钢筋组成,从图 3-2 2-2 剖面图中标识钢筋桁架的详图名称为 DET A,构造详图叠合板的桁架钢筋表(表 3-1)可知,上弦钢筋 3SX1 为直径 10 mm 的螺纹钢,长度为 3660 mm,共有 7 根。下弦钢筋 3XX1 为直径 8 mm 的螺纹钢,长度为 3660 mm,共有 14 根。腹杆钢筋 3FG1 为直径 10 mm 的圆钢,总长度为 6280 mm,共有 14 根。

根据生产图的钢筋标注及钢筋表(见表 3-1),可以知道叠合板的配筋情况。

2B1 为垂直于桁架方向的板受力筋,要注意最外面两根钢筋距混凝土边的距离,一共有 39 根。

1A1 为平行于桁架方向的板分布筋,直径为 8 mm,左侧伸出混凝土面 330 mm,右侧伸出混凝土面 100 mm,最下边的钢筋距混凝土边 27 mm,最上边的钢筋距混凝土边 25 mm,中间的钢筋间距 100 mm,一共有 34 根。

1A3 为平行于桁架方向的底部加强筋,直径为 14 mm,一共有 3 根。

2B2 为垂直于桁架方向的底部加强筋,直径为 14 mm,一共有 2 根。

2B3 为垂直于桁架方向的底部加强筋,直径为 14 mm,一共有 2 根。

4B1 为吊点加强筋,为螺纹钢,直径 8 mm,共计 12 根。

叠合板 PCB2 位于图 3-1 ③~⑥轴线与Ⓒ~Ⓖ轴线之间。

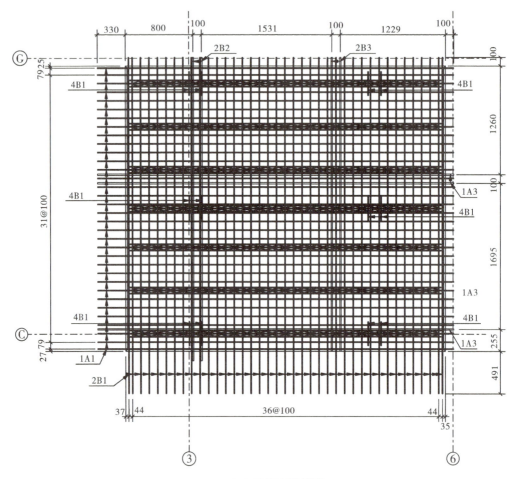

$$\frac{4\sim16PCB2\ 配筋图}{1:30}$$

图 3-4　叠合板构件配筋图

表 3-1　叠合板构件配筋表

钢筋	编号	数量	等级	直径	长度/mm	单重/kg	总重/kg	样式形状
板受力筋	2B1	39	HRB400	8	3930	1.6	60.6	37° 216 37° 161 3562
板分布筋	1A1	34	HRB400	8	4190	1.7	56.3	4190
底部加强筋	1A3	3	HRB400	14	4190	5.2	15.5	4190
	2B2	2	HRB400	14	3520	4.3	8.7	3520
	2B3	2	HRB400	14	3410	4.2	8.4	3410

续表 3-1

钢筋	编号	数量	等级	直径	长度/mm	单重/kg	总重/kg	样式形状
桁架钢筋	3FG1	14	HPB300	6	6280	1.4	19.5	143 143
	3SX1	7	HRB400	10	3660	2.3	15.8	3660
	3XX1	14	HRB400	8	3660	1.4	20.2	3660
吊点加强筋	4B1	12	HRB400	8	280	0.1	1.3	280
						钢筋合计		206.4 kg

二、叠合板制作

叠合楼板预制非常适合于移动模台流水线法,具有生产效率高,产量大的特点。也可在车间内的固定模台上生产,采取叉车端运、桁吊吊运、桁吊与混凝土搅拌运输车配合运输混凝土等多种预制生产方式。

生产工艺流程
(叠合楼板)

在预制厂中,同样可采取多种灵活的设备组合方式。龙门吊与混凝土搅拌运输车组合时,龙门吊可浇筑混凝土,也可吊运构件。还有汽车吊与混凝土搅拌运输车、汽车吊与叉车、龙门吊与叉车等多种机械组合模式。

(一)生产准备

1. 图纸会审

收到预制构件生产图后,应及时组织工厂技术、质检、生产、材料、实验室等部门对图纸进行全面细致的审查,找出需要解决的问题,通过与设计人员沟通,把不清楚的地方加以明确,对于有问题的找出可行的解决方案,并汇总形成书面会审记录初稿,向上级单位呈报,由上级单位组织设计院、安装施工方参加的图纸会审会议,讨论并确定方案。

2. 技术准备

根据施工图设计文件、构件制作详图和相关技术标准,由技术部门负责编制构件生产制作方案。

3. 生产工具及原材料准备

生产工具:磁盒、螺栓、卷尺、滚刷、扁刷、撬棍、橡胶管等。

材料:水泥、骨料、外加剂、掺合料、钢筋、预埋件、脱模剂、缓凝剂、垫块、橡胶条、内埋式螺母、灯盒、扎丝、密封条等。

原材料进厂入库前必须经过质检员验收,检验程序、检测档案等管理应符合规章制度及技术标准的规定。

原材料中的水泥、骨料、外加剂、掺合料、钢筋和预埋件等应符合现行国家标准的要求,并按照国家相关标准进行进厂复检,经检测合格后方可使用。

4. 安全文明生产

组织生产前培训,管理人员应该学习有关规范和标准,对班组进行技术交底和安全教育;特殊工种应该通过年审并持证上岗。

检查劳保用品,在保证完好无损的情况下穿戴整齐,正确遵循安全文明生产手册内容进行生产。

生产施工前对环境卫生及设备进行检查。对预制构件生产线、搅拌站、行车等机械设备进行维护保养,使其处于完好状态。对搅拌站、布料机、养护库等有电脑程序计量的设备应该进行精确调试保证其计量的准确。如有存在安全隐患的及时报备并进行维修,避免在施工过程中发生安全事故。

(二)生产工艺流程

叠合板生产工艺流程如图3-5所示。

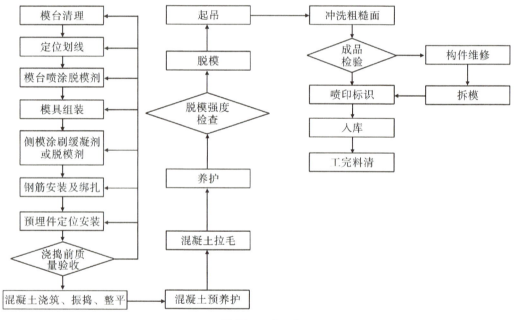

图3-5 叠合板生产工艺流程图

1. 模台清理

使用清扫机进行模台清理,模台一次没有清理干净,可使用输送线上模台往复移动,将模台退回,进行二次清理。清扫机清扫完成后,再用角磨机将模板表面打磨干净。清扫后的垃圾及时清运走,保持作业区干净卫生。如图3-6所示。

2. 定位划线

将构件图纸信息录入划线机的主电脑上,确定基准点后,划线机自动按图纸在模台上画出模具组装边线(模具在模台上组装的位置、方向)及预埋件安装位置。用卷尺测量构件边线的长度,测量预埋件中心线至构件边线的距离,查看埋件数量,确保各项检查数据符合设计要求。如图3-7所示。

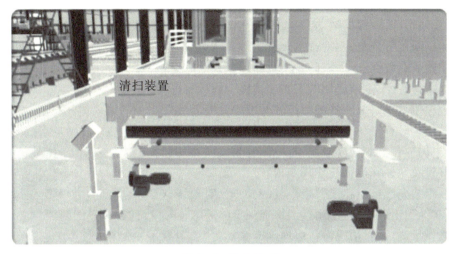

图3-6　模台清理

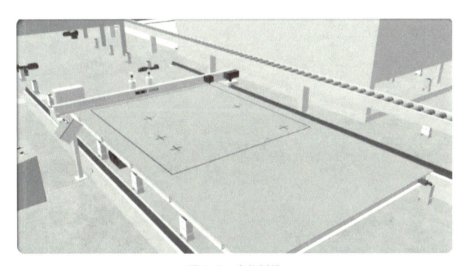

图3-7　定位划线

3. 模台喷涂脱模剂

喷涂机对模台表面进行脱模剂喷洒,刮平器对模台表面喷洒的脱模剂进行扫抹,保证脱模剂的均匀性和厚度,如喷涂机喷涂的脱模剂不均匀,需要进行人工二次涂刷,如无特殊要求,应采用水性脱模剂。工具使用后清理干净,整齐放入指定工具箱内。及时清扫作业区域,垃圾放入垃圾桶内。

4. 模具组装

预制构件生产应根据生产工艺、产品类型等制定模具方案,应建立健全模具验收、使用制度。

模具应具有足够的强度、刚度和整体稳定性;应装拆方便,并应满足预制构件质量、生产工艺和周转次数等要求;各部件之间应连接牢固,接缝应紧密,附带的埋件或工装应定位准确,安装牢固;应保持清洁,不得存有铁锈、油污及混凝土残渣,接触面不应有划痕、锈渍和氧化层脱落等现象,不得影响预制构件外观效果;应定期检查侧模、预埋件和预留孔洞定位措施的有效性;应采取防止模具变形和锈蚀的措施;对于存在变形超过允许偏差的模具一律不得使用;重新启用的模具应检验合格后方可使用。

叠合板模具主要由两侧的侧模和两端的端模组成。

模具组装时首先在模具底面贴上密封条,避免模台面不平整时,混凝土浆液流出模具外;然后根据模台上的构件边线,将一侧的侧模模具摆放在模台上并用磁盒固定,安装另一侧的侧模及端模并用螺栓连接四角。

模具组装完成后用卷尺检查模具的长、宽、对角线,超过允许偏差的用橡胶锤敲打模具,使其移动到正确的位置;用钢尺检查模具的高度;用塞尺检查模具的缝隙。

模具测量调整后,用磁盒将边模固定在模台上,用扳手将螺栓拧紧,注意每个边模上固定的磁盒不宜少于三个。如图 3-8 所示。

工具使用后清理干净,整齐放入指定工具箱内。及时清扫作业区域,垃圾放入垃圾桶内。

图 3-8　模具组装

5. 侧模涂刷缓凝剂或脱模剂

模具校正固定完成之后,根据所需对模具涂刷脱模剂或缓凝剂等。当叠合板侧面的粗糙面采用水洗法施工时应在侧面涂刷缓凝剂,以便构件冲洗后形成粗糙面,其他方法应选用水性脱模剂。人工涂刷侧模脱模剂和表面缓凝剂,如图 3-9 所示。表面缓凝剂的涂刷必须用毛刷,严禁使用其他工具,涂刷时应均匀、无漏刷、无堆积,且不得沾污钢筋,最好在钢筋绑扎前完成,涂刷厚度不少于 2 mm,且需涂刷两次,两次涂刷的时间间隔不少于 20 min,不得影响预制构件外观效果。工具使用后清理干净,整齐放入指定工具箱内。及时清扫作业区域,垃圾放入垃圾桶内。

图 3-9 涂刷脱模剂

6. 钢筋安装及绑扎

钢筋下料必须严格按照设计及下料单要求制作,首件钢筋制作,必须通知技术、质检及相关部门检查验收,制作过程中应当定期、定量检查,对于不符合设计要求及超过允许偏差的一律不得使用,按废料处理。

安装前应根据图纸领取对应的钢筋,在钢筋上标记模具位置线,然后将叠合板分布筋和受力筋放入模具内,钢筋入模时应平直、无损伤,表面不得有油污或者锈蚀。用扎丝绑扎固定时,铁丝绑扎要牢固,避免在后续施工中钢筋移位,钢筋的交叉点应全部进行绑扎,不得有遗漏,相邻绑扎点铁丝扣成八字形,以增强绑扎的稳固性。桁架钢筋放置在叠合板底筋上,并用扎丝绑扎牢固。根据构件图纸,在吊点位置绑扎吊点加强筋,绑扎不得少于两道,并用红漆在桁架钢筋上进行标示,便于起吊时吊具的连接。保护层垫块应与钢筋网片绑扎牢固,垫块按梅花状布置,间距满足钢筋限位及控制变形要求,垫块间距300~800 mm为宜,如图3-10所示。工具使用后清理干净,整齐放入指定工具箱内。及时清扫作业区域,垃圾放入垃圾桶内。

7. 预埋件定位安装

根据生产计划需要,提前预备所需预埋件,避免因备料影响生产线进度。安装预埋件之前对所有工装和预埋件固定器进行检查,如有损坏、变形现象,禁止使用。安装预埋件时,禁止直接踩踏钢筋,个别部位可以搭跳板,以免工作人员被钢筋扎伤或使钢筋产生变形。在埋件固定器上均匀涂刷脱模剂后按图纸要求固定在模具底模上,确保预埋件与底模垂直、连接牢固。如图3-11所示。安装电器盒时首先用预埋件固定器将电器盒固定在底模上,电器盒多余孔用胶带堵上,以免漏浆。安装后要进行仔细复核检查,确保位置、标高、固定等都准确无误。工具使用后清理干净,整齐放入指定工具箱内。及时清扫作业区域,垃圾放入垃圾桶内。

图 3-10   钢筋安装及绑扎

图 3-11   预埋件定位安装

8.浇捣前质量验收

用卷尺检查模具尺寸是否符合设计要求,检查边模是否安装牢固。检查预埋件的安装位置及数量,确认预埋件是否安装牢固。用卷尺测量钢筋的外伸长度及排距,确保误差在允许范围内。

9.混凝土浇筑、振捣、整平

搅拌站按要求(配合比、坍落度、体积)搅拌混凝土,通过运输小车向布料机投料,布料机扫描到基准点开始自动布料或手动布料。

混凝土浇筑前,预埋件及预留钢筋的外露部分宜采取防止污染的措施。如图 3-12 所示。混凝土浇筑前观察混凝土坍落度,坍落度过大或过小均不允许使用。

图 3-12　防止污染措施

浇筑时混凝土倾落高度不宜大于 600 mm,均匀摊铺,浇筑完成后采用整平机刮平,特殊情况人工用铁锹辅助整平。混凝土浇筑应连续浇筑。

混凝土从出机到浇筑完毕的延续时间,气温高于 25 ℃时,不宜超过 60 min,气温不高于 25 ℃时不宜超过 90 min。

混凝土宜采用机械振捣方式成型。振捣设备应根据混凝土的品种、工作性、预制构件的规格和形状等因素确定,应制定振捣成型操作规程。当采用振捣棒时,混凝土振捣过程中不应碰触钢筋骨架和预埋件。采用振动平台振捣时,应锁紧模台,振动平台工作至混凝土表面无明显气泡溢出时停止振捣,混凝土振捣过程中应随时检查模具有无漏浆、变形或预埋件有无移位等现象,若有以上现象出现要立即处理。混凝土从拌和到浇筑完成间歇不宜超过 40 min。浇筑、振捣、整平完成后应松开模台锁紧机构并清理模具、模台、地面上残留的混凝土。如图 3-13 所示。

10. 混凝土预养护

混凝土浇筑振捣整平后,将模台运转至预养护窑内进行预养护,减少混凝土的初凝时间,加快施工速度。预养护的温度一般控制在 25 ℃左右,养护湿度不低于 60%。

11. 混凝土拉毛

叠合板预养护后,混凝土达到工艺条件,即混凝土初凝前,将叠合板运转至拉毛工位对叠合板的上表面进行拉毛处理,拉毛工作要求平直、均匀、深度一致,保证不小于 4 mm的深度。拉毛完成后形成的粗糙面可以保证叠合板和后浇筑的混凝土能够较好地结合。如图 3-14 所示。

图 3-13　混凝土浇筑

图 3-14　混凝土拉毛

12. 养护

应根据预制构件特点和生产任务量选择自然养护、自然养护加养护剂或加热养护方式。

预制构件采用洒水、覆盖等方式进行常温养护时，应符合现行国家标准《混凝土结构工程施工规范》（GB 50666）的要求。

涂刷养护剂应在混凝土终凝后进行。

加热养护在构件养护窑内进行，养护过程分升温、恒温、降温三个阶段，升、降温速度不宜超过 20 ℃/h，最高养护温度不宜超过 70 ℃。预制构件脱模时的表面温度与环境温度的差值不宜超过 25 ℃。

13. 脱模

脱模之前需进行混凝土抗压试验,试验结果达到 15 MPa 以上方可脱模起吊,严禁未达到强度就进行脱模起吊。

使用撬棍拆除固定磁盒,拆除模具上的密封条,用电动扳手拆除工装与模具之间连接的螺栓,确保模具之间的连接部分完全拆除。用橡胶锤敲打边模,使边模与构件分离,将拆下的边模收集起来,运送至边模清理区。拆下的模具清理干净后,做好标记,放置到指定位置,待下次使用。拆卸下来的所有工装、螺栓、各种零件等必须放到指定位置,禁止乱放,以免丢失。模具拆卸完毕后,将周围的卫生打扫干净,垃圾放入垃圾桶。如图 3-15 所示。

图 3-15　叠合板脱模

14. 起吊

起吊前检查专用吊具及钢丝绳是否存在安全隐患,指挥人员要与吊车工配合并保证构件平稳吊运,整个过程不允许发生磕碰且构件不允许在作业面上空行走,严禁交叉作业,起吊工具、工装、钢丝绳等使用过后要存放在指定位置,妥善保管,定期检查。

使用专用吊具将吊钩与叠合板桁架钢筋上标示的吊点位置连接,然后连接龙门吊的吊钩,挂好吊钩后,所有作业人员应远离,将叠合板吊起 200～300 mm,略作停顿,再次检查吊挂是否牢固,确认无误后继续吊运至水洗工位。如图 3-16 所示。

15. 冲洗粗糙面

构件的粗糙面处理,可以采用水洗法、花纹钢板模具、人工凿毛法、机械凿毛法和化学缓凝水冲法达到需要的表面效果。下面主要介绍水洗法。

图 3-16　叠合板起吊

将吊起的叠合板吊运至清洗区进行水洗面作业,放置时在叠合板下方垫断面为 300 mm×300 mm 的木方,保证叠合板平稳,不允许磕碰。用高压水枪冲刷叠合板的四边,使其露出粗糙面。将冲洗完成后的叠合板吊至构件临时存放区,在临时存放区放置钢制托架,将构件放在钢制托架上;堆放叠合板时,上、下两层叠合板间用垫木分隔,叠放高度不得超过 1.5 m。

16. 成品检验

用保护层厚度仪测量钢筋的保护层厚度,用卷尺检查钢筋的外伸长度,测量预埋件至构件边线的距离。观察混凝土外表面,混凝土外观不应有严重缺陷;用卷尺测量构件尺寸,各检查部分符合验收规范。如有不符合规范要求的,需进行构件维修,维修后进行检查,检查合格后方可进入下道工序。

17. 喷印标识

检验合格后,在叠合板的上表面明显位置喷涂标识,标识应向外、明确、耐久,标识宜包括构件编号、制作日期、合格状态、生产单位等信息。

18. 入库

构件检查无误后报检并填写入库单办理入库交接手续。

19. 工完料清

制作人员需要在工作结束后,认真整理剩余的原材料、配件等,将其妥善放置在规定的位置,对产生的废料、垃圾等进行及时清理和处置,并在当日生产工作结束后归还相应工具。

一、预制柱生产图识读

预制柱指在工厂预制而成的混凝土柱构件。预制混凝土柱分为普通预制柱和预应力预制柱。

(一)图纸组成

预制柱生产图主要由模板图和配筋图组成。构件模板图包括构件各个面的详图,如平面的、底面的、剖面的等。模板图中还应附上预埋件表,该表包括预埋件的编号、数量、材质等信息。

(二)图纸识读

以图 3-17 所示图纸为例,对预制柱构件图纸的识读进行识读。

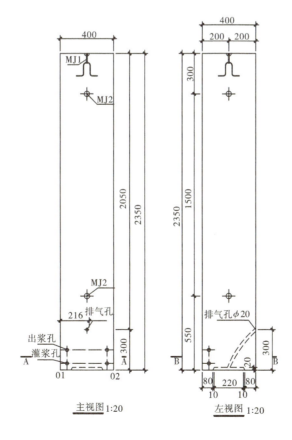

主视图1:20　　　左视图1:20

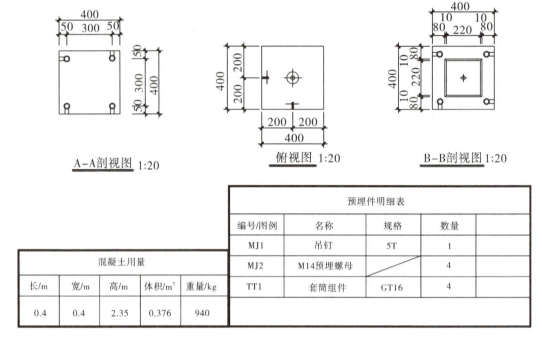

图 3-17　预制柱模板图

如图 3-17 所示,从构件的模板图中可以看到,预制柱截面为 400 mm×400 mm 的柱子,通过主视图、左视图和混凝土用量表都可以看出,预制柱高度为 2350 mm。从预埋件明细表中可以看出,预埋件有三种,即吊钉(MJ1)、M14 预埋螺母(MJ2)和套筒组件(TT1),吊钉数量为 1 个、M14 预埋螺母 4 个、套筒组件 4 套。结合主视图、左视图和俯视图,可以确定吊钉位于预制柱的上表面中心位置。结合主视图和左视图,可以确定M14 预埋螺母位于预制柱正面和左面,每个面上各两个,其中一个距柱顶 300 mm 居中,另一个距柱底部 550 mm。

结合主视图、左视图、A-A 剖面图和 B-B 剖面图,可以确定套筒组件位于预制柱底部,距各面 50 mm。结合主视图、左视图和 B-B 剖面图,预制柱下部剪力键槽位置居中,键槽下底面是边长为 240 mm 的正方形,键槽上表面是 220 mm 的正方形,深 20 mm。下部中心留设直径为 20 mm 的排气孔,出气孔留在正面,距底部 300 mm 高。

如图 3-18 所示,从构件钢筋图中的钢筋表中可以看到,柱钢筋有 5 种规格,分别为1a、1b、2Ga、2Gb 和 3La。结合 A 面钢筋配筋图、1-1 剖视图、2-2 剖视图和钢筋表可以看出,1a、1b 为竖向钢筋,1a 为角筋,钢筋直径为 16 mm,数量为 4 根,长度为 22+2176+678 = 2876 mm;1b 为边筋,钢筋直径为 10 mm,数量为 4 根,长度为 2310 mm。结合 A 面钢筋配筋图和钢筋表可以看出 2Ga 和 2Gb 为箍筋,2Ga 为柱套筒处箍筋,距预制柱底部 80 mm,双肢箍尺寸为 350 mm×350 mm,箍筋弯钩平直段长度为 80 mm,钢筋直径为 8 mm,数量为1 根;2Gb 为柱箍筋,双肢箍尺寸为 340 mm×340 mm,箍筋弯钩平直段长度为 80 mm,下部第一根起步箍筋距套筒箍筋为 100 mm,最上部箍筋距离预制柱顶部为 70 mm,钢筋直径为 8 mm,箍筋数量为 22 根,间距为 100 mm。从图中可以看出 3La 为柱子边筋的拉结筋,单肢箍,箍筋长度为 340 mm,箍筋弯钩平直段长度为 80 mm,钢筋直径为 8 mm,箍筋数量为 46 根。

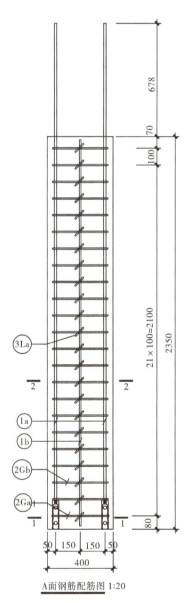

A 面钢筋配筋图 1:20

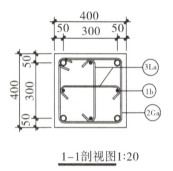

1-1剖视图1:20

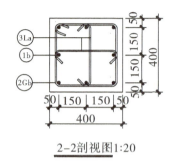

2-2剖视图1:20

配筋表					
钢筋类型		钢筋编号	配筋	加工尺寸	备注
柱	竖向筋	①a	4φ16	22┤ 2176 ├678	一端车丝长度20
		①b	4φ10	2310	
	箍筋	②Ga	1φ8	80╱350 350	箍筋尺寸以外皮为准
		②Gb	22φ8	80╱340 340	箍筋尺寸以外皮为准
	拉筋	③La	46φ8	80 ╱ 340	拉筋尺寸以外皮为准

图3-18　预制柱钢筋图

二、预制柱制作

预制柱多用固定平模生产,底模采用钢制模台或混凝土底座,两边侧模和两头端模,通过螺栓与底模相互固定。钢筋通过端部模板的预留孔出筋。

生产工艺流程
（预制柱）

如果预制柱不是太高,可采用立模生产。与梁连接的钢筋,通过侧模的预留孔出筋。

(一)生产准备

1. 图纸会审

收到预制构件生产图后,应及时组织工厂技术、质检、生产、材料、实验室等部门对图纸进行全面细致的审查,找出需要解决的问题,通过与设计人员沟通,把不清楚的地方加以明确,对于有问题的找出可行的解决方案,并汇总形成书面会审记录初稿,向上级单位呈报,由上级单位组织设计院、安装施工方参加的图纸会审会议,讨论并确定方案。

2. 技术准备

根据施工图设计文件、构件制作详图和相关技术标准,由技术部门负责编制构件生产制作方案。

3.生产工具及原材料准备

生产工具:螺栓、卷尺、滚刷、撬棍、电动扳手、磁盒等。

材料:圆头吊钉、内埋式螺母、脱模剂、缓凝剂、垫块、橡胶条、扎丝、密封条等。

原材料进厂入库前必须经过质检员验收,检验程序、检测档案等管理应符合规章制度及技术标准的规定。

原材料中的水泥、骨料、外加剂、掺合料、钢筋和预埋件等应符合现行国家标准的要求,并按照国家相关标准进行进厂复检,经检测合格后方可使用。

4.安全文明生产

组织产前培训,管理人员应该学习有关规范和标准,对班组进行技术交底和安全教育;特殊工种应该通过年审并持证上岗。

检查劳保用品,在保证完好无损的情况下穿戴整齐,正确遵循安全文明生产手册内容进行生产。

生产施工前对环境卫生及设备进行检查。如有存在安全隐患的及时报备并进行维修,避免在施工过程中发生安全事故。

(二)生产工艺流程

预制柱生产工艺流程如图 3-19 所示。

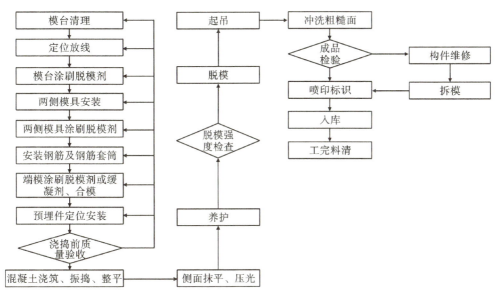

图 3-19　预制柱生产工艺流程图

1.模台清理

组模前,清扫模台及模台周边地面的垃圾及混凝土,再用角磨机将模板表面打磨干净,清扫后的垃圾及时清运走,确保生产环境干净整洁。如图 3-20 所示。

图 3-20   模台清理

2. 定位放线

用卷尺在固定模台上测量出预制柱的边线,并标记划线。用卷尺测量构件边线的长度和对角线的长度,测量预埋件中心线至构件边线的距离,查看埋件数量,确保各项检查数据符合设计要求。如图 3-21 所示。

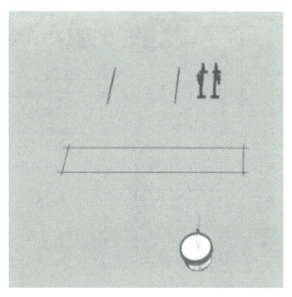

图 3-21   定位放线

3. 模台涂刷脱模剂

在模台上涂刷脱模剂,保证脱模剂的均匀和厚度,如脱模剂不均匀,需要进行二次涂刷,如无特殊要求,应采用水性脱模剂。工具使用后清理干净,整齐放入指定工具箱内。

及时清扫作业区域,垃圾放入垃圾桶内。

4. 两侧模具安装

预制构件生产应根据生产工艺、产品类型等制定模具方案,应建立健全模具验收、使用制度。

模具应具有足够的强度、刚度和整体稳定性;应装拆方便,并应满足预制构件质量、生产工艺和周转次数等要求;各部件之间应连接牢固,接缝应紧密,附带的埋件或工装应定位准确,安装牢固;应保持清洁,不得存有铁锈、油污及混凝土残渣,接触面不应有划痕、锈渍和氧化层脱落等现象,不得影响预制构件外观效果;应定期检查侧模、预埋件和预留孔洞定位措施的有效性;应采取防止模具变形和锈蚀的措施;对于存在变形超过允许偏差的模具一律不得使用;重新启用的模具应检验合格后方可使用。

预制柱模具主要由两侧的侧模和两端的端模组成。

模具组装需要二次完成,首先在模具底面贴上密封条,避免模台面不平整时,混凝土浆液流出模具外;然后根据模台上的构件边线,将两侧模具摆放在模台上并用磁盒固定。如图 3-22 所示。

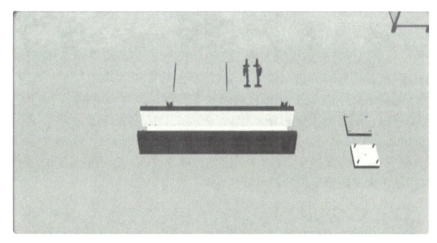

图 3-22　模具摆放

5. 两侧模具涂刷脱模剂

模具校正固定完成之后,根据所需对模具涂刷脱模剂。人工用毛刷涂刷脱模剂,严禁使用其他工具,应选用水性脱模剂,涂刷时应均匀、无漏刷、无堆积,且不得沾污钢筋,涂刷厚度不少于 2 mm,且需涂刷两次,两次涂刷的时间间隔不少于 20 min,不得影响预制构件外观效果。如图 3-23 所示。

6. 安装钢筋及钢筋套筒

钢筋下料必须严格按照设计及下料单要求制作,首件钢筋制作,必须通知技术、质检及相关部门检查验收,制作过程中应当定期、定量检查,对于不符合设计要求及超过允许偏差的一律不得使用,按废料处理。

图 3-23　涂刷脱模剂

安装前应根据图纸领取对应的钢筋,在竖向钢筋上标记箍筋位置线,将灌浆套筒一端与纵向筋固定,在灌浆套筒的进出浆口安装波纹管,按图纸要求用扎丝将纵筋与箍筋绑扎,箍筋穿入时需注意开口方向,应沿竖向钢筋方向错开设置。用扎丝绑扎固定时,铁丝绑扎要牢固,避免在后续施工中钢筋移位,钢筋的交叉点应全部进行绑扎,不得有遗漏。将绑扎好的钢筋骨架吊放到组好的侧模内,如图 3-24 所示。

钢筋入模时应平直、无损伤,表面不得有油污或者锈蚀。在钢筋骨架的三个侧面安装垫块,确保混凝土保护层厚度符合设计要求。

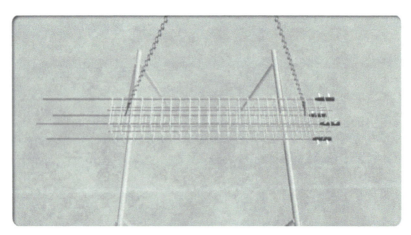

图 3-24　钢筋骨架吊放

7. 端模涂刷脱模剂或缓凝剂、合模

钢筋绑扎完成后，根据所需对端模涂刷脱模剂或缓凝剂，脱模剂应选用水性脱模剂。人工用毛刷涂刷脱模剂或缓凝剂时，涂刷时应均匀、无漏刷、无堆积，且不得沾污钢筋，涂刷厚度不少于 2 mm，且需涂刷两次，两次涂刷的时间间隔不少于 20 min，不得影响预制构件外观效果。

脱模剂、缓凝剂涂刷完成后，首先在模具底面贴上密封条，避免模台面不平整时，混凝土浆液流出模具外；然后根据模台上的构件边线，将端模模具摆放在模台上并用磁盒固定，软后用螺栓与端模连接。侧模中间上部部加设拉结工装，防止浇捣混凝土时涨模、变形等。如图 3-25 所示。

模具组装完成后用卷尺检查模具的长、宽、对角线，超过允许偏差的用橡胶锤敲打模具，使其移动到正确的位置；用钢尺检查模具的高度；用塞尺检查模具的缝隙。

模具测量调整后，用磁盒将边模固定在模台上，用扳手将螺栓拧紧，注意侧模上固定的磁盒不宜少于三个。必要时采用加固措施。工具使用后清理干净，整齐放入指定工具箱内。及时清扫作业区域，垃圾放入垃圾桶内。

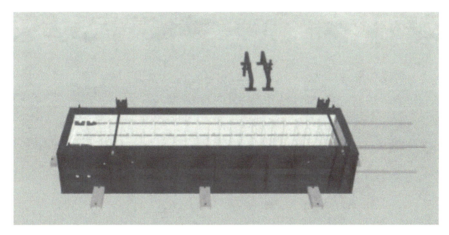

图 3-25　合模

8. 预埋件定位安装

根据生产计划需要，提前预备所需预埋件，避免因备料影响生产线进度。安装预埋件之前对所有工装和预埋件固定器进行检查，如有损坏、变形现象，禁止使用。在预埋件固定器上均匀涂刷脱模剂后按图纸要求固定。安装后要进行仔细复核检查，确保位置、标高、固定等都准确无误。将排气用的 PVC 管一端固定到预制柱底部端板模具上，另一端固定到侧面模具上。将圆头吊钉与橡胶球固定，将橡胶球安装在模具指定位置，并使用两根短钢筋将吊钉固定在钢筋网上。将斜支撑预埋件固定到模具侧面的指定位置。如图 3-26所示。

工具使用后清理干净，整齐放入指定工具箱内，及时清扫作业区域，垃圾放入垃圾桶内。

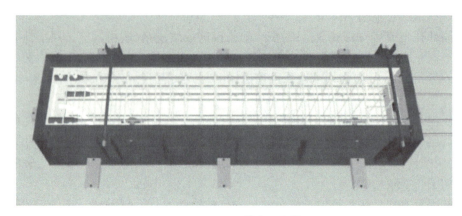

图 3-26　预埋件定位安装

9. 浇捣前质量验收

检查模具是否安装牢固,测量模具尺寸是否符合设计要求。检查钢筋型号、箍筋间距、外伸长度、保护层厚度等是否符合要求,检查预埋件数量,测量预埋件中心至模具边的距离及垂直高度,确保预埋件安装符合设计要求。如图 3-27 所示。

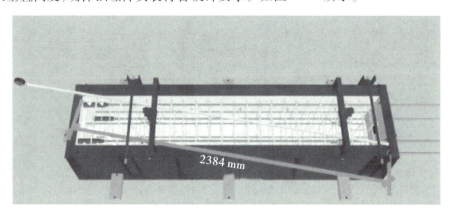

图 3-27　模具检查

10. 混凝土浇筑、振捣、整平

混凝土浇筑前,预埋件及预留钢筋的外露部分宜采取防止污染的措施。混凝土浇筑前观察混凝土坍落度,坍落度过大或过小均不允许使用。浇筑前,在模具与钢筋的缝隙中填塞橡胶条,以防浇筑混凝土时,浆液流出模具外。

浇筑时混凝土倾落高度不宜大于 600 mm,均匀摊铺,浇筑完成后采用人工刮平,混凝土浇筑应连续浇筑。混凝土从出机到浇筑完毕的延续时间,气温高于 25 ℃时,不宜超过 60 min,气温不高于 25 ℃时不宜超过 90 min。如图 3-28 所示。

采用振捣棒时,混凝土振捣过程中不应碰触钢筋骨架和预埋件。混凝土振捣过程中应随时检查模具有无漏浆、变形或预埋件有无移位等现象,若有以上现象出现要立即处理。混凝土从拌和到浇筑完成间歇不宜超过 40 min。振动至混凝土表面无明显气泡溢出时停止振捣,振捣完成后应清理模具、模台、地面上残留混凝土。

图 3-28　混凝土浇筑

11. 侧面抹平、压光

混凝土浇筑振捣完毕后,使用刮杠将混凝土表面刮平,并将贴近表面的石子压下,为抹平工序做好准备。待混凝土初凝强度达到抹平工序要求后,开始进行构件混凝土表面抹平工序。先用塑料抹子粗抹,做到表面基本平整,无外漏石子,外表面无凹凸现象,边沿的混凝土如果高出模具上沿要及时压平,保证边沿不超厚、无毛边。静置 1 h 后,使用铁抹子压光,对抹面过程中产生的残留混凝土要及时清理干净,放入指定的垃圾筒内,抹平工序过程中,严禁在混凝土表面洒水。

12. 养护

抹面之后、蒸养之前需静停,静停时间以用手按压无压痕为标准,即混凝土强度达到1.2 MPa 以上。蒸养前将固定预埋件的工装拆除,在构件表面加盖蒸养棚,开始进行构件蒸养,也可进蒸养窑蒸养。蒸养时需注意升、降温速度不宜超过20 ℃/h,最高养护温度不宜超过60 ℃,预制构件脱模时的表面温度与环境温度的差值不宜超过25 ℃,养护湿度不小于90%。如图 3-29 所示。

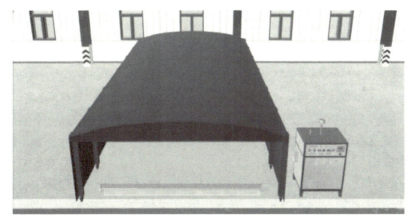

图 3-29　蒸养棚蒸养

13. 脱模

脱模之前需进行混凝土抗压试验,试验结果达到15 MPa以上方可脱模起吊,严禁未达到强度进行脱模起吊。

使用撬棍拆除固定磁盒,拆除模具上的密封条,用电动扳手拆除工装与模具之间连接的螺栓,确保模具之间的连接部分完全拆除。用橡胶锤敲打边模,使边模与构件分离,将拆下的边模收集起来,运送至边模清理区。拆下的模具清理干净后,做好标记,放置到指定位置,待下次使用。拆卸下来的所有工装、螺栓、各种零件等必须放到指定位置,禁止乱放,以免丢失。模具拆卸完毕后,将周围的卫生打扫干净,垃圾放入垃圾桶。

14. 起吊

起吊前检查专用吊具及钢丝绳是否存在安全隐患,指挥人员要与吊车工配合并保证构件平稳吊运,整个过程不允许发生磕碰且构件不允许在作业面上空行走,严禁交叉作业,起吊工具、工装、钢丝绳等使用过后要存放在指定位置,妥善保管,定期检查。

使用专用吊具将吊钩与预制柱上标示的吊点位置连接,然后连接龙门吊的吊钩,挂好吊钩后,所有作业人员应远离,将预制柱吊起200~300 mm,略作停顿,再次检查吊挂是否牢固,确认无误后继续吊运至水洗工位。如图3-30所示。

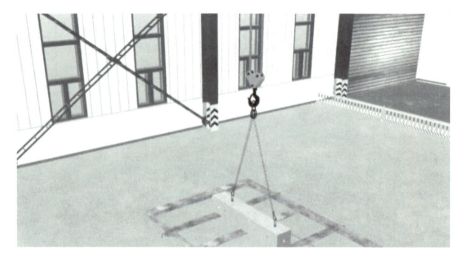

图3-30　预制柱起吊

15. 冲洗粗糙面

将吊起的预制柱吊运至清洗区进行水洗面作业,放置时在预制柱下方垫端300 mm×300 mm的木方,保证预制柱平稳,不允许磕碰。用高压水枪冲刷预制柱的底面,使其露出粗糙面。将冲洗完成后的预制柱吊至构件临时存放区,堆放预制柱时,上下两层预制柱间用垫木分隔,叠放高度不得超过2层。

16. 成品检验

用保护层厚度仪测量钢筋的保护层厚度,用卷尺检查钢筋的外伸长度,测量预埋件至构件边线的距离。观察混凝土外表面,混凝土外观不应有严重缺陷;用卷尺测量构件尺寸,各检查部分符合验收规范。如有不符合规范要求的,需进行构件维修,维修后进行检查,检查合格后方可进入下道工序。

17. 喷印标识

检验合格后,在预制柱的表面明显位置喷涂标识,标识应向外、明确、耐久,标识宜包括构件编号、制作日期、合格状态、生产单位等信息。

18. 入库

构件检查无误后报检并填写入库单,办理入库交接手续。

19. 工完料清

制作人员需要在工作结束后,认真整理剩余的原材料、配件等,将其妥善放置在规定的位置,对产生的废料、垃圾等进行及时清理和处置,并在当日生产工作结束后归还相应工具。

任务三　预制剪力墙墙板生产

一、预制剪力墙生产图识读

预制剪力墙是指在工厂预制而成的混凝土剪力墙构件,工程中常见的预制剪力墙有预制剪力墙板、预制夹心保温外墙、预制外墙模板(PCF)和叠合剪力墙板。

剪力墙在施工现场安装时,底部通过灌浆套筒与下层构件的预留钢筋连接,侧面外露钢筋与现浇剪力墙边缘构件连接。

(一)图纸组成

预制剪力墙构件生产设计图,一般包括该构件所在位置标识图、构件模具图和配筋图等。用不同颜色对当前构件在平面图上的位置进行了标示,并注明构件名称;构件模具图包括构件各个面的详图,如平面的、立面的、剖切面的,图中还应附上预埋件表,该表包括预埋件的编号、数量、材质等信息。

预制剪力墙构件识读

(二)图纸识读

以下面图纸为例,对预制剪力墙构件图纸的识读进行讲解。

1. 预制剪力墙构件顶视图

如图 3-31 所示,从构件的顶视图中可以看到,剪力墙厚为 200 mm,长为 2150 mm。图中 WS 表示剪力墙的外表面,NS 表示剪力墙的内表面。剪力墙顶部设置有两个吊装用预埋件 D2-1,吊装预埋件中心线距两侧剪力墙边缘 450 mm,两个吊钉(D2-1)之间距离为 1250 mm。剪力墙顶视图反映的是构件顶部细部构造,两边为现浇边缘构件。从顶视图中分别引出了 A-A、B-B、C-C 剖视图。

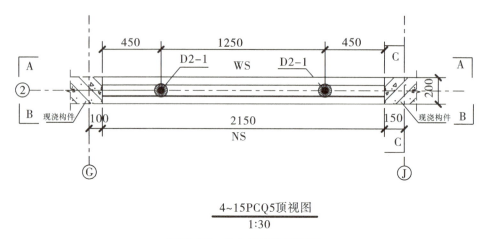

$$\frac{4\sim15PCQ5顶视图}{1:30}$$

图 3-31 剪力墙构件顶视图

2. 预制剪力墙构件剖视图

如图 3-32 所示，A—A 剖视图展示的是剪力墙外表面（WS），符号△表示粗糙面结合面，符号△表示键槽结合面，结合预埋件统计表可知剪力墙外表面上有多种预埋件，包括吊装预埋件、外墙面石材预埋件、支模用螺栓预埋件。图中石材预埋件有 3 个，左侧预埋件中心线距混凝土面 450 mm，右侧预埋件中心线距离混凝土面 275 mm，预埋件横向中心线距剪力墙外表面的上边线为 350 mm；支模用螺栓预埋件共有 14 个，每侧 7 个，最下面 2 个预埋件，距离 430 mm，上面 5 个，分别距离 450 mm。

如图 3-33 所示，B—B 剖视图展示的是剪力墙内表面的结构，从图中可知，剪力墙内表面有灌浆套筒、圆头吊钉、线盒、预埋管线、支模用螺栓。剪力墙内表面临时支撑预埋件有 4 个，分上、下两排，下排距墙底边 550 mm，上排距墙顶边 650 mm。图中接线盒有 4 个，主要用来安装开关和插座，识图过程中应注意管线与接线盒的连接要求及管线的走向，上面两个接线盒的管线往上走，下面两个接线盒的管线往下走，注意构件生产过程中注意埋件的位置，应按照图纸中的尺寸进行放置。

如图 3-34 所示，C—C 剖视图展示的是剪力墙侧面的结构，从图中可看出，预制剪力墙顶部做成了键槽。结合面键槽深 30 mm。剪力墙内表面和外表面的预埋件对称设置，剪力墙下端距楼面标高 20 mm，在构件吊装时，按照这个尺寸调节标高。

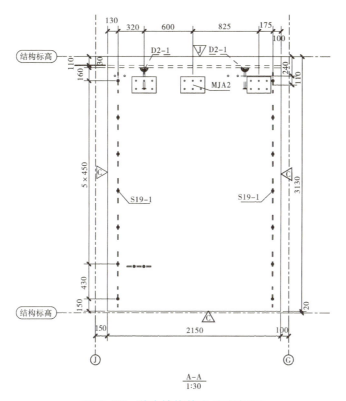

图 3-32 剪力墙构件 A-A 剖视图

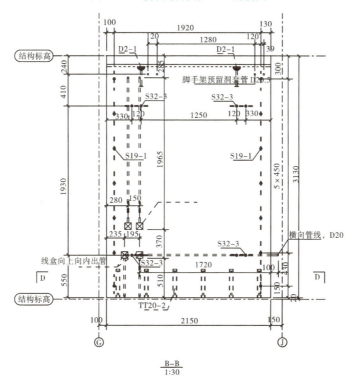

图 3-33 剪力墙构件 B-B 剖视图

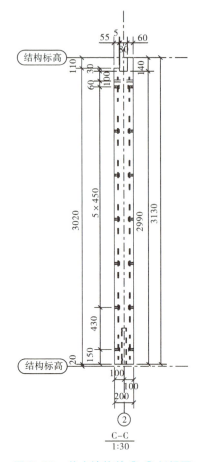

图 3-34　剪力墙构件 C-C 剖视图

如图 3-35 所示,D-D 剖面示意了灌浆套筒的预埋位置,生产时应严格按照设计图示尺寸进行排布。剪力墙的下端有 6 个灌浆套筒。灌浆套筒作为上、下 2 层剪力墙构件连接件,安装和结构要求非常重要。

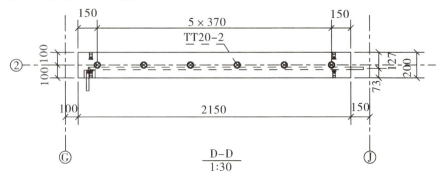

本图用于4~15层

图 3-35　剪力墙构件 D-D 剖视图

3. 预制剪力墙构件配筋图

预制构件配筋图,除常规的配筋详图外,还应包括配筋表、套筒位置详图等,与建筑结构图相比,预制构件的配筋图比较复杂。每个构件的钢筋类型长度及根数,设计图纸中都已给出具体数据,不需要根据钢筋平法来计算长度、根数及重量等参数。配筋图中给出了各类钢筋的编号,结合配筋表就能够知道这些钢筋的具体信息。

(1)预制剪力墙构件水平筋

如图3-36所示,从1-1剖面图中可看出,图中E1A/1为剪力墙水平筋图,剪力墙的水平筋为环形。结合图3-37构件钢筋图所示,水平筋分加密区和非加密区,从标注可知下端加密为100 mm,有7根钢筋,非加密区间距为150 mm,有16根钢筋,上下两端的起始钢筋距混凝土面26 mm。

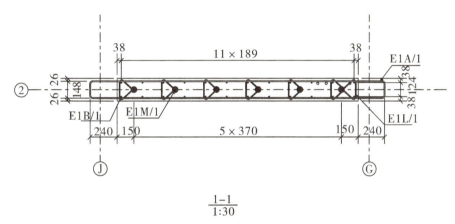

$$\frac{1-1}{1:30}$$

图3-36 预制剪力墙构件配筋图(水平筋)

(2)预制剪力墙构件竖向筋

如图3-37所示,E1B/1为剪力墙竖向筋,两侧的起始钢筋距混凝土面38 mm,相邻钢筋之间的距离为189 mm。E1M/1、E1M/2为剪力墙锚固钢筋,起始钢筋距两侧墙边的距离为150 mm,相邻钢筋间的距离为370 mm。预制构件就是通过灌浆套筒和分布钢筋来对上、下层的竖向构件进行连接。图中灌浆套筒的上端与下排锚固钢筋固定,下端与下层剪力墙构件的上排锚固钢筋固定配筋。图中E1L/1为剪力强拉筋水平方向的拉筋,根据竖向筋隔一拉一设置,且两端的竖向筋上都应设置拉筋。2-2剖面图中反映了剪力墙垂直方向的拉结间距,依据水平分布筋间距的不同而有所变化,如图3-38所示。

如图3-39所示,根据平面图,我们可以了解到构件的位置、编号和种类等信息。预制构件平面图中预制剪力墙PCQ位于②轴线与Ⓙ轴线至Ⓖ轴线之间。图中预制剪力墙的编号4~15表示楼层为标准层,同一位置使用的构件相同,PCQ表示预制剪力墙,5表示剪力墙构件编号。如果在编号后面有L或者R,表示该构件相对而言位于左边或右边。同类构件在安装施工过程中,一般按照图纸上构件的编制序号进行吊装。

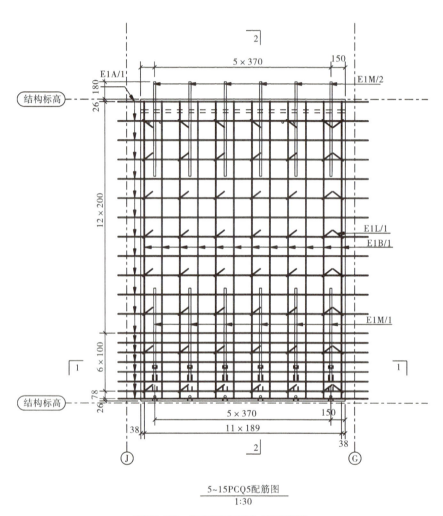

5~15PCQ5配筋图
1:30

图 3-37　预制剪力墙构件配筋图

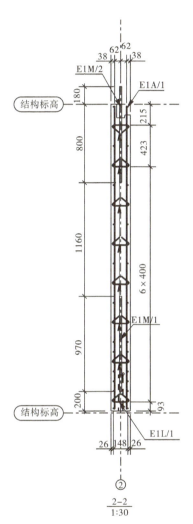

图 3-38　预制剪力墙构件剖面图

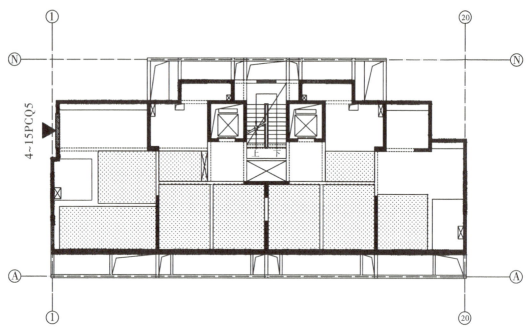

图 3-39　预制构件布置平面图

二、预制保温外墙板制作

生产工艺流程
（预制外墙）

墙板生产共有三大生产工艺：平模、挤出和立模。平模工艺是目前 PC 构件的主流生产工艺。常见的挤出工艺有挤压成型机和振动拉模法等。立模有单组、双组和多组模腔等工艺。

其中平模预制生产预制保温外墙板又分为正打法和反打法。

所谓正打法，首先进行内叶板混凝土的浇筑生产，然后组装外叶板模板、安装保温层、拉结件、外叶板钢筋后，浇筑外叶板混凝土。反之则是反打法。

正打法的优点是浇筑内墙板时，可通过吸附式磁铁工装将各种预留预埋进行固定，方便、快捷、简单、规整。但相对加大了外叶板抹面收光的工作量，外叶板抹面收光后的平整度和光洁度会相对较差。

反打法优点是外叶板的平整度和光洁度高。缺点是内叶板面存在较多的预留预埋，不利于振动赶平机的作业，同时振动赶平机对于 20 cm 厚的内叶板的振捣质量，与 5 cm 厚的外叶板相比较差，要采用人工辅助振捣。

目前工厂较多使用的是反打法，现以反打法为例，介绍预制保温外墙板生产的工艺流程。内墙板的预制生产与之相比，缺少一次模板组装、混凝土浇筑和保温板安放的工序。

(一)生产准备

1. 图纸会审

收到预制构件生产图后,应及时组织工厂技术、质检、生产、材料、实验室等部门对图纸进行全面细致的审查,找出需要解决的问题,通过与设计人员沟通,对不清楚的地方加以明确,对于有问题的找出可行的解决方案,并汇总形成书面会审记录初稿,向上级单位呈报,由上级单位组织设计院、安装施工方参加的图纸会审会议,讨论并确定方案。

2. 技术准备

根据施工图设计文件、构件制作详图和相关技术标准,由技术部门负责编制构件生产制作方案。

3. 生产工具及原材料准备

生产工具:磁盒、螺栓、卷尺、滚刷、扁刷、撬棍、橡胶管等。

材料:水泥、骨料、外加剂、掺合料、钢筋、预埋件、脱模剂、缓凝剂、垫块、橡胶条、内埋式螺母、灯盒、扎丝、密封条等。

原材料进厂入库前必须经过质检员验收,检验程序、检测档案等管理应符合规章制度及技术标准的规定。

原材料中的水泥、骨料、外加剂、掺合料、钢筋和预埋件等应符合现行国家标准的要求,并按照国家相关标准进行进厂复检,经检测合格后方可使用。

4. 安全文明生产

组织产前培训,管理人员应该学习有关规范和标准,对班组进行技术交底和安全教育;特殊工种应该通过年审并持证上岗。

检查劳保用品,在保证完好无损的情况下穿戴整齐,正确遵循安全文明生产手册内容进行生产。

生产施工前对环境卫生及设备进行检查。预制构件生产线、搅拌站、行车等机械设备进行维护保养,使其处于完好状态。搅拌站、布料机、养护库等有电脑程序计量的设备应该进行精确调试保证其计量的准确。如有存在安全隐患的及时报备并进行维修,避免在施工过程中发生安全事故。

(二)生产工艺流程

预制保温外墙板生产工艺流程,如图 3-40 所示。

1. 模台清理

使用清扫机进行模台清理,若模台一次没有清理干净,可使用输送线上模台往复移动,将模台退回,进行二次清理。清扫机清扫完成后,如果清扫效果不佳,再用角磨机人工操作将模板表面打磨干净。清扫后的垃圾及时清运走,保持作业区干净卫生。如图 3-41 所示。

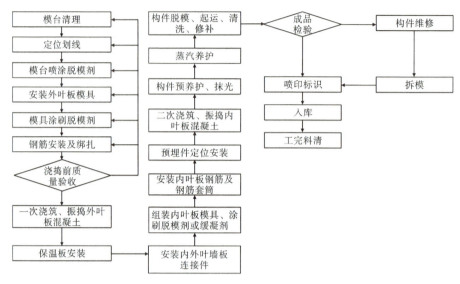

图 3-40　预制保温外墙板生产工艺流程图

图 3-41　模台清理

2. 定位划线

将构件图纸信息录入划线机的主电脑上,确定基准点后,划线机自动按图纸在模台上画出模具组装边线(模具在模台上组装的位置、方向)及预埋件安装位置。有门窗洞口的墙板,应绘制出门洞、窗口的轮廓线。用卷尺测量构件边线的长度,测量预埋件中心线至构件边线的距离,查看埋件数量,确保各项检查数据符合设计要求。特殊情况时,采用人工放线。根据预制构件的构件几何尺寸,人工在模台面上绘制定位轴线,进而绘制出构件的内、外侧模板线。如图 3-42 所示。

图 3-42　构件图纸信息录入划线机主电脑

3. 模台喷涂脱模剂

　　喷涂机对模台表面进行脱模剂喷洒,刮平器对模台表面喷洒的脱模剂进行扫抹,保证脱模剂的均匀和厚度,如喷涂机喷涂的脱模剂不均匀,需要进行人工二次涂刷,如无特殊要求,应采用水性脱模剂。工具使用后清理干净,整齐放入指定工具箱内。及时清扫作业区域,垃圾放入垃圾桶内。要定期清理喷涂机和画线机的喷嘴,确保机器工作正常。如图 3-43所示。

图 3-43　喷涂脱模剂

4. 安装外叶板模具

预制构件生产应根据生产工艺、产品类型等制定模具方案,应建立健全模具验收、使用制度。

模具应具有足够的强度、刚度和整体稳定性;应装拆方便,并应满足预制构件质量、生产工艺和周转次数等要求;各部件之间应连接牢固,接缝应紧密,附带的埋件或工装应定位准确,安装牢固;应保持清洁,不得存有铁锈、油污及混凝土残渣,接触面不应有划痕、锈渍和氧化层脱落等现象,不得影响预制构件外观效果;应定期检查侧模、预埋件和预留孔洞定位措施的有效性;应采取防止模具变形和锈蚀的措施;对于存在变形超过允许偏差的模具一律不得使用;重新启用的模具应检验合格后方可使用。

外叶板模具主要由两侧的侧模和两端的端模组成。如图3-44所示。

图3-44 安装外叶板模具

模具组装时首先在模具底面贴上密封条,避免模台面不平整时,混凝土浆液流出模具外;然后根据模台上的构件边线,将一侧的侧模模具摆放在模台上并用磁盒固定,安装另一侧的侧模及端模并用螺栓连接四角。

模具组装完成后用卷尺检查模具的长、宽、对角线,超过允许偏差的用橡胶锤敲打模具,使其移动到正确的位置;用钢尺检查模具的高度;用塞尺检查模具的缝隙。

模具测量调整后,用磁盒将边模固定在模台上,用扳手将螺栓拧紧,注意每个边模上固定的磁盒不宜少于三个。

工具使用后清理干净,整齐放入指定工具箱内。及时清扫作业区域,垃圾放入垃圾桶内。

5. 模具涂刷脱模剂

模具校正固定完成之后,根据所需对模具涂刷脱模剂。应选用水性脱模剂。人工用毛刷涂刷脱模剂，严禁使用其他工具，涂刷时应均匀、无漏刷、无堆积，涂刷厚度不少于2 mm，且需涂刷两次，两次涂刷的时间间隔不少于 20 min，不得影响预制构件外观效果。工具使用后清理干净，整齐放入指定工具箱内。及时清扫作业区域，垃圾放入垃圾桶内。

6. 钢筋安装及绑扎

钢筋下料必须严格按照设计及下料单要求制作，首件钢筋制作，必须通知技术、质检及相关部门检查验收，制作过程中应当定期、定量检查，对于不符合设计要求及超过允许偏差的一律不得使用，按废料处理。

安装前应根据图纸领取对应的钢筋，在钢筋上标记模具位置线，然后将叠合板分布筋和受力筋放入模具内，钢筋入模时应平直、无损伤，表面不得有油污或者锈蚀。用扎丝绑扎固定时，铁丝绑扎要牢固，避免在后续施工中钢筋移位，钢筋的交叉点应全部进行绑扎，不得有遗漏，相邻绑扎点铁丝扣成八字形，以增强绑扎的稳固性。保护层垫块应与钢筋网片绑扎牢固，垫块按梅花状布置，间距满足钢筋限位及控制变形要求，垫块间距300 ~ 800 mm 为宜。工具使用后清理干净，整齐放入指定工具箱内。及时清扫作业区域，垃圾放入垃圾桶内。如图 3-45 所示。

图 3-45　绑扎外叶板钢筋

7. 一次浇筑、振捣外叶板混凝土

模具和钢筋安装完毕后，模台运行至一次混凝土浇筑工位。再次对模板和钢筋进行检查。符合验收要求后，抬升模台并锁定在振动台上，根据构件混凝土厚度、混凝土体积调整振动频率和时间，确保混凝土振捣密实。如图 3-46 所示。

外叶板混凝土浇筑振捣完成后，用木抹将混凝土表面抹平，确保表面平整。振动完成后，振动台下降到模台底与导向轮、支撑轮接触，模台流转到下一个工位。

混凝土浇筑振捣完成后要及时清理和清洗混凝土输料斗、布料斗。清理出的废料、废水要转运至垃圾站处理。

图3-46 浇筑混凝土

8.保温板安装

保温板安装前要按照图纸切割成型,并在模台外完成试拼,严禁小板拼接。

在外叶板混凝土未初凝前,将加工拼装好的保温板逐块在外叶模板内安放铺装,使保温板与混凝土面充分接触,保温板整体表面要平整。如图3-47所示。

图3-47 保温板安装

9. 安装内外叶墙板连接件

采用玻璃纤维连接件时,在铺设好的保温板上,按照设计图纸中的位置进行开孔。将连接件穿过孔洞,插入外叶板混凝土,将连接件旋转90°后固定。如图3-48所示。

采用贝芬连接件等钢制连接件,根据需要用裁纸刀在保温板上开缝,围绕连接件逐块铺设。在保温板安装完毕后,用胶枪将板缝、连接件安装留下的圆形孔洞注胶封闭。

图 3-48　安装内外叶墙板连接件

10. 组装内叶板模具、涂刷脱模剂或缓凝剂

工人按照已画好的组装边线,进行内叶板模板的安装。按照边线尺寸先安放内叶模板的两侧侧模,再安装另外两端的端模,拧紧侧模与端模之间的连接螺栓。

模具组装完成后用卷尺检查模具的长、宽、对角线,用钢尺检查模具的高度;用塞尺检查模具的缝隙。

模具检查完成之后,根据需要对模具涂刷脱模剂或缓凝剂。人工用毛刷涂刷,严禁使用其他工具,涂刷时应均匀、无漏刷、无堆积,涂刷厚度不少于2 mm,且需涂刷两次,两次涂刷的时间间隔不少于20 min,不得影响预制构件外观效果。工具使用后清理干净,整齐放入指定工具箱内。及时清扫作业区域,垃圾放入垃圾桶内。

11. 安装内叶板钢筋及钢筋套筒

脱模剂或缓凝剂涂刷完成后,驱动模台进入钢筋安装工位,进行钢筋的安装。安装前应根据图纸领取对应的钢筋,在钢筋上标记模具位置线,钢筋入模时应平直、无损伤,表面不得有油污或者锈蚀。钢筋安装时应注意钢筋的入模顺序,先水平筋,再拉筋,最后竖向筋,竖向筋的安装要利用好端模上的孔洞,遵循先两边后孔位的原则。如图3-49所示。

根据设计图纸要求,在预制墙板的模具内精确定灌浆套筒的位置,并做好标记。将

图3-49 安装内叶板钢筋

灌浆套筒放置在标记位置上,通过专用的固定装置将其牢固固定,确保在混凝土浇筑过程中不发生移位。将与套筒匹配的钢筋准确插入套筒内,保证连接紧密。再次检查套筒位置、固定情况以及钢筋插入情况,确保无误。

钢筋及套筒安装完成,进行钢筋的绑扎,用扎丝绑扎固定时,严禁工人踩踏钢筋,铁丝绑扎要牢固,避免在后续施工中钢筋移位,钢筋的交叉点应全部进行绑扎,不得有遗漏。

在桁吊辅助下,将组装好的内叶板安装在外叶板的上层,上下层模板采用螺栓连接固定牢固。如图3-50所示。

图3-50 内叶板组装

12. 预埋件定位安装

组模、钢筋安装和钢筋套筒安装完成后,模台运转到预埋件安装工位,开始安装预制保温外墙板的预埋件,包括支撑点内螺旋、构件吊点、模板加固内螺旋、电线盒、穿线管等各种预埋件和预留工装。如图 3-51 所示。

图 3-51 预埋件定位安装

外墙板的安装支撑点、现浇段模板连接固定点,均可采用定位工装来进行定位,并绑扎牢固。

外墙板的吊点常见的有两种形式,即与构件重量相对应的吊钉或用钢筋自行加工"U"形吊环。施工时要按图纸要求进行选用。当采用吊钉预埋时,要用专用的球形波胶来定位。当采用钢筋自行加工"U"形吊环时,严禁使用螺纹钢。吊钉或吊环均预埋在内叶板顶部。

后浇段加固模板采用穿心式设计。在外墙板预制时预留穿墙孔洞,通过穿墙螺杆加固模板。在外墙板底部用圆形磁性底座固定 PVC 管,预留出空调连接管路进出的通道。

穿线管与电盒连接后,用扎丝绑扎固定在邻近的钢筋上,线盒内塞入泡沫,再使用胶带缠绕线盒及穿线管的两端。有效减少在混凝土浇筑等施工过程中,因震动等因素而导致的连接部位松动或移位情况,以及混凝土浆等进入线盒和线管发生堵塞。

如果采用后塞口安装窗户,则需要在预制墙板时,提前将木砖安装固定妥当。

13. 二次浇筑、振捣内叶板混凝土

模板、钢筋和预留、预埋件安装完毕后,模台运行至二次混凝土浇筑工位。再次对模板、钢筋、预留预埋件进行检查。符合验收要求后进行内叶板混凝土的浇筑。如图3-52所示,浇筑前检查混凝土坍落度是否符合要求,申请使用的混凝土不准超过理论用量的2%。混凝土应均匀连续从模具一端开始浇筑。从出机到浇筑完毕的延续时间,气温高于25 ℃时,不宜超过60 min,气温不高于25 ℃时,不宜超过90 min,投料高度不宜超过600 mm。浇筑振捣时尽量避开埋件处,以免碰偏埋件。采用人工振捣方式,振捣过程中应随时检查模具有无漏浆、变形或预埋件有无移位等现象,振捣至混凝土表面无明显下沉、无气泡溢出,保证混凝土表面水平,无凸出石子。浇筑时控制混凝土厚度,在达到设计要求时停止下料。

浇筑完成后,人工使用刮杠将混凝土表面刮平,确保混凝土厚度不超出模具上沿。用塑料抹子粗抹,做到表面基本平整,无外漏石子,外表面无凹凸现象,四周侧板的上沿(基准面)要清理干净,避免边沿超厚或有毛边。

图3-52 二次浇筑

14. 构件预养护、抹光

构件内叶板完成表面振捣刮平后,进入预养护窑内对构件混凝土进行短时间的养护。窑内温度控制为30~35 ℃,最高温度不得超过40 ℃。在预养窑内的PC构件完成初凝,达到一定强度后,出预养窑,将所有埋件的工装拆掉,并及时清理干净,整齐地摆放到指定位置。然后进入抹光工位,抹光机对构件内叶板面层进行搓平抹光。如果构件表面平整度、光洁度不符合规范要求,要再次作业。局部出现问题,可人工使用铁抹子找平,特别注意埋件、线盒及外露线管四周的平整度,边沿的混凝土如果高出模具上沿要及时压平,保证边沿不超厚并无毛边,此道工序需将表面平整度控制在3 mm以内。

15. 蒸汽养护

构件抹光作业结束后,进入蒸养工位,码垛机将PC构件连同模台一起送入立体蒸养窑蒸养,采用蒸汽养护时,应分为静养、升温、恒温和降温四个阶段。静养时间根据外界温度一般为2~3 h,升、降温速度不宜超过20 ℃/h,最高温度应控制在60 ℃以下,持续时间不小于4 h。当构件表面温度与外界温差不大于25 ℃时,方可撤除养护措施脱模。

16. 构件脱模、起运、清洗、修补

码垛机将完成养护工序的构件连同底模从养护窑里取出,并送入脱模工位,用专用工具松开模板紧固螺栓、磁盒等,利用起重机完成模板输送,并对边模和门窗口模板进行清洁。脱模之前需做同条件试块的抗压试验,试验结果达到15 MPa以上方可脱模。用电动扳手拆卸侧模的紧固螺栓,打开磁盒磁性开关后将磁盒拆卸,确保都拆卸完全后将边模平行向外移出,防止边模在此过程中变形。将拆下的边模由两人抬起轻放到边模清扫区,并送至钢筋骨架绑扎区域。拆卸下来的所有工装、螺栓、各种零件等必须放到指定位置。模具拆卸完毕后,将底模周围的卫生打扫干净。

PC构件脱模起吊时混凝土强度应达到设计图样和规范要求的脱模强度,且不宜小于15 MPa。构件强度依据实验室同批次、同条件养护的混凝土试块抗压强度。起吊之前,检查吊具及钢丝绳是否存在安全隐患,如有问题不允许使用,及时上报。检查吊点、吊耳及起吊用的工装等是否存在安全隐患(尤其是焊接位置是否存在裂缝)。吊耳工装上的螺栓要拧紧。将吊具与构件吊环连接固定,借助翻板机将墙板倾斜状竖起后起吊,翻转角度控制在80°~85°,起吊指挥人员要与吊车配合好,保证构件平稳,不允许发生磕碰。吊索长度的实际设置应保证吊索与水平夹角不小于45°,以60°为宜;且保证各根吊索长度与角度一致,不出现偏心受力情况。如图3-53所示。

图3-53　PC墙板脱模起吊

将符合强度要求脱模后的构件运至冲洗区，下方垫 300 mm×300 mm 木方，保证构件平稳，不允许磕碰。按照图纸，用高压水枪冲洗构件四周，如图 3-54 所示，形成粗糙面，拆除水电等预留孔洞的各种辅助埋件安装周转材料。采用水洗法制作粗糙面需注意以下事项：

①应在脱模后立即处理。

②将未凝固水泥浆面层洗刷掉，露出骨料。

③粗糙面表面应坚实，不能留有酥松颗粒。

④防止水对构件表面形成污染。

图 3-54　水枪冲洗构件

根据脱模、起运、清洗后构件的表观质量，对破损的部位进行适当修补。然后运至指定位置堆放，并牢固固定构件。

17. 成品检验

用保护层厚度仪测量钢筋的保护层厚度，用卷尺检查钢筋的外伸长度，测量预埋件至构件边线的距离。观察混凝土外表面，混凝土外观不应有严重缺陷；用卷尺测量构件尺寸，各检查部分符合验收规范。如有不符合规范要求的，需进行构件维修，维修后进行检查，检查合格后方可进入下道工序。

18. 喷印标识

检验合格后，在墙板的表面明显位置喷涂标识，标识应向外、明确、耐久，标识宜包括构件编号、制作日期、合格状态、生产单位等信息。

19. 入库

构件检查无误后填写入库单,办理入库交接手续。

20. 工完料清

制作人员需要在工作结束后,认真整理剩余的原材料、配件等,将其妥善放置在规定的位置,对产生的废料、垃圾等进行及时清理和处置,并在当日生产工作结束后归还相应工具。

任务四 　预制梁生产

一、预制梁生产图识读

预制梁指在工厂预制而成的混凝土梁构件,房屋建筑工程中常见的预制梁有预制框架、预制叠合梁。

(一)图纸组成

预制梁构件生产设计图,一般包括该构件所在位置标示图、构件模具图和配筋图等。构件位置标示图用不同颜色对当前构件在平面图上的位置进行了标示,并注明构件名称;构件模具图包括构件各个面的详图,图中还应附上预埋件表,该表包括预埋件的编号、数量、材质等信息。

预制梁识图和构造

(二)图纸识读

以图 3-55 为例,对预制梁构件图纸进行识读。

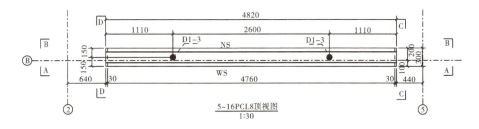

5~16PCL8顶视图
1:30

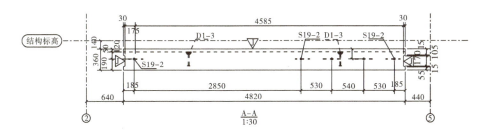

A-A
1:30

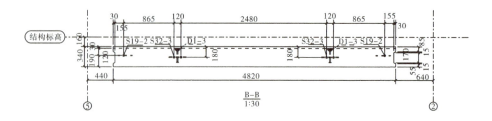

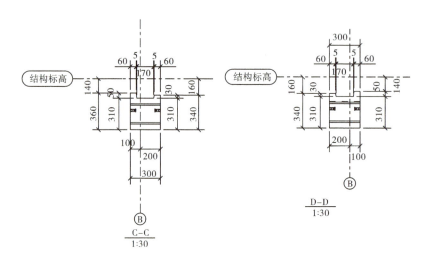

PC编号 5~16PCL8		PC数量 12				
混凝土	编号	数量	材质	单重/kg	总重/kg	体积/m³
混凝土		1	见层高表	1172.6	1172.6	0.469
钢构件	构件编号	数量	材质	单重/kg	总重/kg	规格	备注
	D1-3	2	Q235B	0.5	1.0	D18,L=210	吊装用,额定吊重4t
	S19-1	2	Q235B	0.3	0.6	M14L=55	模版用
	S19-2	5	Q235B	0.3	1.4	M14L=55	模版用
	S32-3	2	Q235B	1.4	2.7	M20L=120	脱模、斜撑用
				钢构件合计		6.3kg	
				总计（含钢筋）：		1255.9 kg	0.47 m³

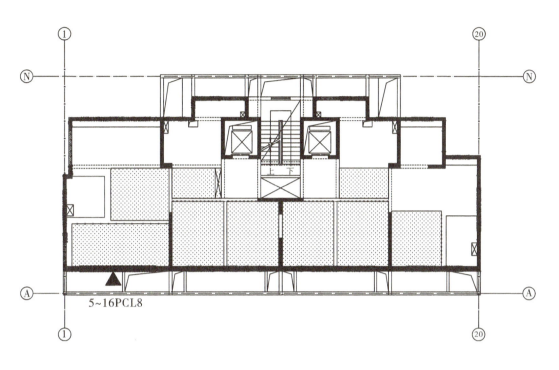

5~16PCL8

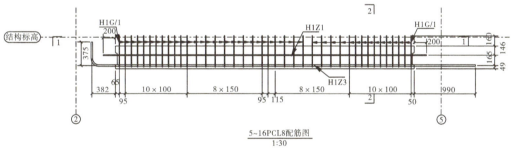

5~16PCL8配筋图
1:30

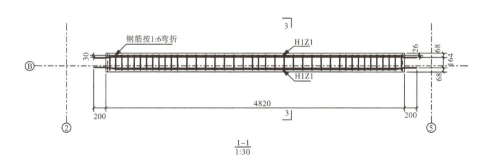

1—1
1:30

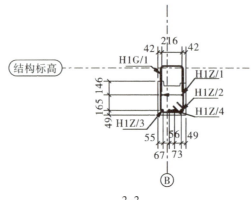

$$\frac{2-2}{1:30}$$

钢筋	编号	数量	等级	直径	长度/mm	单重/kg	总重/kg	样式形状
混凝土梁箍筋	H1G/1	40	HRB400	8	1650	0.7	29.4	45° 500 45° 114 250
混凝土梁纵筋	H1Z/1	2	HRB400	12	5220	4.6	9.3	9° 200 9° 8° 8° 159 4452 216
	H1Z/2	1	HRB400	22	6520	19.5	19.5	8° 8° 217 387 395 4452 9° 160 991 9°
	H1Z/3	1	HRB400	22	6520	19.5	19.5	8° 8° 217 387 395 4452 9° 160 991 9°
	H1Z/4	2	HRB400	20	6510	16.1	32.2	386 6204
							钢筋合计	110.0kg

图 3-55 预制梁生产图

从构件的顶视图中可以看到,梁宽为 300 mm,长为 4820 mm。图中 WS 表示梁的外表面,NS 表示梁的内表面;图中梁顶部设置有两个吊装用预埋件,方便构件生产完成后的吊装脱模及施工现场吊装,预埋件中心线距梁边 1110 mm,两个吊钉之间距离为 2600 mm。

从顶视图中分别引出了 A-A、B-B、C-C、D-D 剖视图。

A-A 剖视图展示的是梁外表面的结构。图中符号△表示间槽结合面,结合预埋件统计表可知,梁外表面上有多种预埋件,包括吊装用预埋件、模板预埋件。模板预埋件有 5 个,两侧预埋件均距梁边 185 mm,预埋件横向中心线距梁上边线 170 mm。

B-B 剖视图展示的是梁内表面的结构。从图中可知,梁内表面有圆头吊钉、模板预埋件、斜支撑预埋件。斜支撑预埋件共有 2 个,每侧 1 个,分别距梁边 1050 mm;预埋件横向中心线距梁上边线为 180 mm。预制构件生产过程中,各预埋件的位置应按照图纸中的尺寸进行放置。

C–C 剖视图展示的是梁侧面的结构。从图中可看出,预制梁顶部做成了键槽结合面,混凝土外表面高 360 mm,内表面高 340 mm。从 D–D 立面可以看出,梁内表面和外表面的预埋件是对称设置的。

预制构件的配筋图包括常规配筋图、配筋表,还包括箍筋加密详图等。与建筑结构图相比,预制构件的配筋图比较复杂,每个构件的钢筋类型、长度及根数设计图纸中都已给出具体数据,不需要根据钢筋平法来计算锚固长度、钢筋根数、箍筋根数等参数。配筋图中给出了各类钢筋的编号,结合配筋表,就能够知道这些钢筋的具体信息。

图中 H1Z/3 为混凝土梁纵筋,钢筋左端伸出混凝土面 382 mm,并向上弯折 375 mm,钢筋右端伸出混凝土面 990 mm。图中 H1G/1 为混凝土梁箍筋,左侧首个箍筋距混凝土面 65 mm,右侧首个箍筋距混凝土面 50 mm;两端加密区箍筋间距 100 mm,非加密区间距 150 mm;从构件外侧面看,箍筋顶端距梁顶面 160 mm。

从 1–1 剖面图中可看出,H1Z/1 分布在梁两个侧面,钢筋两端按 1∶6 弯折一定角度,且伸出混凝土外 200 mm,露出混凝土段钢筋距梁侧面 68 mm。2–2 剖面图中反映了梁垂直方向的预制梁纵筋间的不同间距。H1Z/1 的钢筋为预制梁侧面纵筋,共计 2 根,钢筋距梁底面 214 mm,距梁侧面 42 mm。H1Z/2、H1Z/3、H1Z/4 的钢筋都为预制梁底部纵筋,共计 4 根,钢筋距梁底面 49 mm,距梁两个侧面分别为 55 mm 和 49 mm。

从平面图中我们可以了解到构件的位置、编号和种类等信息。预制构件平面图中,预制梁 PCL8 位于 Ⓑ 轴线与 ② 轴线至 ⑤ 轴线之间。5～16 表示楼层,为标准层,同一位置使用的构件相同。图中 PCL 表示预制梁,8 表示梁构件编号。如果在编号后面有 L 或者 R,则表示该构件相对而言位于左边或右边。同类构件在安装施工过程中,一般按照图纸上构件的编制序号进行吊装。

二、预制梁制作

预制梁分为叠合梁和整体预制梁。

预制梁多用固定模台生产。采用钢制模台或混凝土底座做底模,两片侧模和两片端模栓接组成预制梁模具,上部采用角钢连接加固,防止浇筑混凝土时侧面模板变形。

生产工艺流程
(预制梁)

上部叠合层钢筋外露,两端的连接筋通过端模的预留孔伸出。

(一)生产准备

1. 图纸会审

收到预制构件生产图后,应及时组织工厂技术、质检、生产、材料、实验室等各部门对图纸进行全面细致的审查,找出需要解决的问题,通过与设计人员沟通,把不清楚的地方加以明确,对于有问题的找出可行的解决方案,并汇总形成书面会审记录初稿,向上级单位呈报,由上级单位组织设计院、安装施工方参加的图纸会审会议,讨论并确定方案。

2. 技术准备

根据施工图设计文件、构件制作详图和相关技术标准,由技术部门负责编制构件生产制作方案。

3. 生产工具及原材料准备

生产工具：螺栓、卷尺、滚刷、撬棍、电动扳手、磁盒等。

材料：水泥、骨料、外加剂、掺合料、钢筋、预埋件、脱模剂、缓凝剂、垫块、橡胶条、内埋式螺母、扎丝、密封条等。

原材料进厂入库前必须经过质检员验收，检验程序、检测档案等管理应符合规章制度及技术标准的规定。

原材料中的水泥、骨料、外加剂、掺合料、钢筋和预埋件等应符合现行国家标准的要求，并按照国家相关标准进行进厂复检，经检测合格后方可使用。

4. 安全文明生产

组织产前培训，管理人员应该学习有关规范和标准，对班组进行技术交底和安全教育；特殊工种应该通过年审并持证上岗。

检查劳保用品，在保证完好无损的情况下穿戴整齐，正确遵循安全文明生产手册内容进行生产。

生产施工前对环境卫生及设备进行检查。如有存在安全隐患的及时报备并进行维修，避免在施工过程中发生安全事故。

（二）生产工艺流程

预制叠合梁生产工艺流程如图3-56所示。

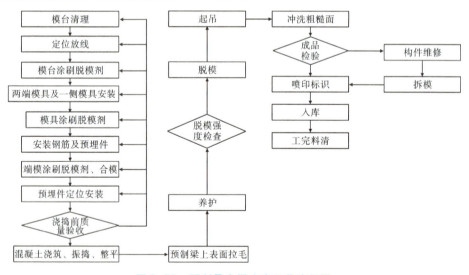

图3-56 预制叠合梁生产工艺流程图

1. 模台清理

组模前，清扫模台及模台周边地面的垃圾及混凝土，再用角磨机将模板表面打磨干净，清扫后的垃圾及时清运走，确保生产环境干净整洁。如图3-57所示。

2. 定位划线

用卷尺在固定模台上测量出预制柱的边线，并标记划线。用卷尺测量构件边线的长度和对角线的长度,测量预埋件中心线至构件边线的距离,查看埋件数量,确保各项检查数据符合设计要求。如图 3-58 所示。

图 3-57　模台清理

图 3-58　定位放线

3. 模台涂刷脱模剂

在模台上涂刷脱模剂,保证脱模剂的均匀和厚度,如脱模剂不均匀,需要进行二次涂刷,如无特殊要求,应采用水性脱模剂。工具使用后清理干净,整齐放入指定工具箱内。及时清扫作业区域,垃圾放入垃圾桶内。如图 3-59 所示。

4. 两端模具及一侧模具安装

预制构件生产应根据生产工艺、产品类型等制定模具方案,应建立健全模具验收、使用制度。

模具应具有足够的强度、刚度和整体稳定性;应装拆方便,并应满足预制构件质量、生产工艺和周转次数等要求;各部件之间应连接牢固,接缝应紧密,附带的埋件或工装应定

图 3-59　模台涂刷脱模剂

位准确,安装牢固;应保持清洁,不得存有铁锈、油污及混凝土残渣,接触面不应有划痕、锈渍和氧化层脱落等现象,不得影响预制构件外观效果;应定期检查侧模、预埋件和预留孔洞定位措施的有效性;应采取防止模具变形和锈蚀的措施;对于存在变形超过允许偏差的模具一律不得使用;重新启用的模具应检验合格后方可使用。

预制梁模具主要由两侧的侧模和两端的端模组成。

模具组装需要二次完成,首先在模具底面贴上密封条,避免模台面不平整时,混凝土浆液流出模具外;然后根据模台上的构件边线,将两侧模具摆放在模台上并用磁盒固定。如图 3-60 所示。

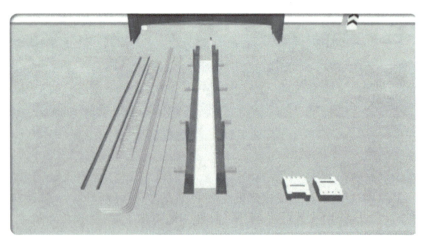

图 3-60　侧模安装

5. 模具涂刷脱模剂

模具校正固定完成之后,根据需要对模具涂刷脱模剂。人工用毛刷涂刷脱模剂,应选用水性脱模剂,涂刷时应均匀、无漏刷、无堆积,且不得沾污钢筋,涂刷厚度不少于 2 mm,

且需涂刷两次,两次涂刷的时间间隔不少于20 min,不得影响预制构件外观效果。

6. 钢筋安装及绑扎

钢筋下料必须严格按照设计及下料单要求制作,首件钢筋制作,必须通知技术、质检及相关部门检查验收,制作过程中应当定期、定量检查,对于不符合设计要求及超过允许偏差的一律不得使用,按废料处理。

安装前应根据图纸领取对应的钢筋,在纵向钢筋上标记箍筋位置线,在侧模内绑扎纵筋和箍筋,当箍筋采用封闭式箍筋时需注意开口方向,开口朝下,开口方向错开设置。当采用组合式箍筋时开口朝上。钢筋入模时应平直、无损伤,表面不得有油污或者锈蚀。在钢筋与模台、侧模之间布置垫块,确保混凝土保护层厚度符合设计要求。用扎丝绑扎固定时,铁丝绑扎要牢固,避免在后续施工中钢筋移位,钢筋的交叉点应全部进行绑扎,不得有遗漏。如图3-61所示。

图3-61　钢筋绑扎

7. 预埋件定位安装

根据生产计划需要,提前预备所需预埋件,避免因备料影响生产线进度。安装预埋件之前对所有工装和预埋件固定器进行检查,如有损坏、变形现象,禁止使用。安装预埋件时,禁止直接踩踏钢筋,个别部位可以搭跳板,以免工作人员被钢筋扎伤或使钢筋产生变形。将圆头吊钉与橡胶球固定,用十字花螺纹将橡胶球安装在模具指定位置,吊钉安装好后,在模具内侧用两根短钢筋将吊钉固定在钢筋笼上。将内埋式螺母安装到模具指定位置用螺栓将其固定在梁模具上。如图3-62所示。

8. 端模涂刷脱模剂或缓凝剂、合模

钢筋绑扎完成后,根据所需对端模涂刷脱模剂或缓凝剂,脱模剂应选用水性脱模剂。涂刷缓凝剂时必须使用毛刷,不应用其他工具代替。脱模剂或缓凝剂涂刷时应均匀、无漏刷、无堆积,且不得沾污钢筋,涂刷厚度不少于2 mm,且需涂刷两次,两次涂刷的时间间隔不少于20 min,不得影响预制构件外观效果。

脱模剂或缓凝剂涂刷完成后,首先在模具底面贴上密封条,避免模台面不平整时,混

图 3-62　预埋件定位安装

凝土浆液流出模具外;然后根据模台上的构件边线,将端模模具摆放在模台上并用磁盒固定,然后用螺栓与侧模连接。侧模中间上部加设拉结工装,防止浇捣混凝土时涨模、变形等。

　　模具组装完成后用卷尺检查模具的长、宽、对角线,超过允许偏差的用橡胶锤敲打模具,使其移动到正确的位置;用钢尺检查模具的高度;用塞尺检查模具的缝隙。

　　模具测量调整后,用磁盒将边模固定在模台上,用扳手将螺栓拧紧,注意侧模上固定的磁盒不宜少于三个。必要时采用加固措施。工具使用后清理干净,整齐放入指定工具箱内。及时清扫作业区域,垃圾放入垃圾桶内。

　　9.浇捣前质量验收

　　检查模具是否安装牢固,测量模具尺寸是否符合设计要求。检查钢筋型号、箍筋间距、外伸长度保护层厚度等是否符合要求,检查预埋件数量,测量预埋件中心线至模具边的距离,确保预埋件安装符合设计要求。如图 3-63 所示。

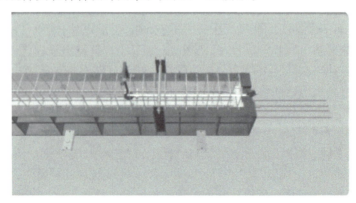

图 3-63　质量检查

10. 混凝土浇筑、振捣、整平

混凝土浇筑前,预埋件及预留钢筋的外露部分宜采取防止污染的措施。混凝土浇筑前观察混凝土坍落度,坍落度过大或过小均不允许使用。

浇筑时混凝土倾落高度不宜大于 600 mm,均匀摊铺,浇筑完成后采用人工刮平,混凝土浇筑应连续浇筑。

混凝土从出机到浇筑完毕的延续时间,气温高于 25 ℃时,不宜超过 60 min,气温不高于 25 ℃时,不宜超过 90 min。

混凝土宜采用振捣棒振捣,混凝土振捣过程中不应碰触钢筋骨架和预埋件。采用振动平台振捣时,应锁紧模台,振动平台工作至混凝土表面无明显气泡溢出时停止振捣,混凝土振捣过程中应随时检查模具有无漏浆、变形或预埋件有无移位等现象,若有以上现象出现要立即处理。混凝土从拌和到浇筑完成间歇不宜超过 40 min。浇筑、振捣、振平完成后应清理模具、模台、地面上残留混凝土。

11. 预制梁上表面拉毛

预制梁混凝土初凝前,对预制梁的上表面进行人工拉毛处理,拉毛工作要求平直、均匀、深度一致,保证不小于 6 mm 的深度。拉毛完成后形成的粗糙面可以保证预制梁和后浇筑的混凝土较好地结合。

12. 养护

混凝土养护前,拆除固定预埋件的工装,使用蒸养棚将整个模台罩住,蒸养棚四周应密封严实,将蒸汽管插入蒸养棚,设置好时间与温度开始蒸养,蒸养完成后撤掉蒸汽管,收起蒸养棚。

13. 脱模

脱模之前需进行混凝土抗压试验,试验结果达到 15 MPa 以上方可脱模起吊,严禁未达到强度进行脱模起吊。

使用撬棍拆除固定磁盒,拆除模具上的密封条,用电动扳手拆除工装与模具之间连接的螺栓,确保模具之间的连接部分完全拆除。用橡胶锤敲打边模,使边模与构件分离,将拆下的模具收集起来,运送至模具清理区。拆下的模具清理干净后,做好标记,放置到指定位置,待下次使用。拆卸下来的所有工装、螺栓、各种零件等必须放到指定位置,禁止乱放,以免丢失。模具拆卸完毕后,将周围的卫生打扫干净,垃圾放入垃圾桶。

14. 起吊

起吊前检查专用吊具及钢丝绳是否存在安全隐患,指挥人员要与吊车工配合并保证构件平稳吊运,整个过程不允许发生磕碰且构件不允许在作业面上空行走,严禁交叉作业,起吊工具、工装、钢丝绳等使用过后要存放在指定位置,妥善保管,定期检查。

使用专用吊具将吊钩与叠合梁上标示的吊点位置连接,然后连接龙门吊的吊钩,挂好吊钩后,所有作业人员应远离,将叠合梁吊起 200 ~ 300 mm,略作停顿,再次检查吊挂是否牢固,确认无误后继续吊运至水洗工位。

15. 冲洗粗糙面

将吊起的叠合梁吊运至清洗区进行水洗面作业,放置时在叠合梁下方垫端面300 mm×300 mm 的木方,保证叠合梁平稳,不允许磕碰。用高压水枪冲刷叠合梁的两端,使其露出粗糙面。将冲洗完成后的叠合梁吊至构件临时存放区,在临时存放区放置钢制托架,将构件放在钢制托架上;堆放叠合梁时,上下两层叠合梁间用垫木分隔,叠放高度不得超过2层。

16.成品检验

用保护层厚度仪测量钢筋的保护层厚度,用卷尺检查钢筋的外伸长度,测量预埋件至构件边线的距离。观察混凝土外表面,混凝土外观不应有严重缺陷;用卷尺测量构件尺寸,各检查部分符合验收规范。如有不符合规范要求的,需进行构件维修,维修后进行检查,检查合格后方可进入下道工序。

17.喷印标识

检验合格后,在叠合梁的表面明显位置喷涂标识,标识应向外、明确、耐久,标识宜包括构件编号、制作日期、合格状态、生产单位等信息。

18.入库

构件检查无误后报检并填写入库单,办理入库交接手续。

19.工完料清

制作人员需要在工作结束后,认真整理剩余的原材料、配件等,将其妥善放置在规定的位置,对产生的废料、垃圾等进行及时清理和处置,并在当日生产工作结束后归还相应工具。

任务五   预制楼梯生产

一、预制楼梯生产图识读

预制楼梯指在工厂预制而成的混凝土楼梯构件。预制混凝土楼梯分为不带平台板的直板式楼梯和带平台板的折板式楼梯。

预制楼梯识图和构造

(一)图纸组成

预制楼梯生产设计图一般包括构件模具图,配筋图等。构件模具图包括构件各个面的详图,如平面的、底面的、剖面的等。模具图中还应附上预埋件表,该表包括预埋件的编号、数量、材质等信息。

(二)图纸识读

以图3-64为例,进行图纸识读。

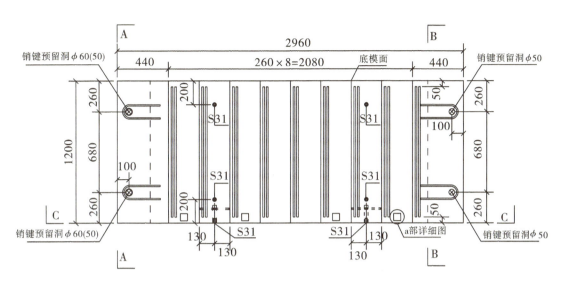

$$\dfrac{4\sim 16\text{PCLT1}平面图}{1:30}$$

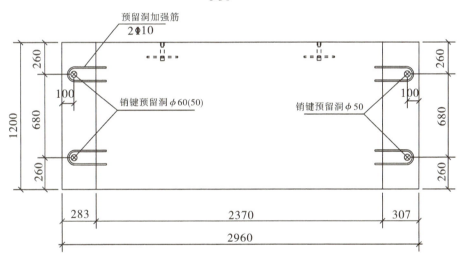

$$\dfrac{4\sim 16\text{PCLT1}底面图}{1:30}$$

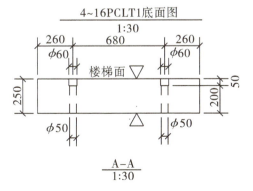

$$\dfrac{A-A}{1:30}$$

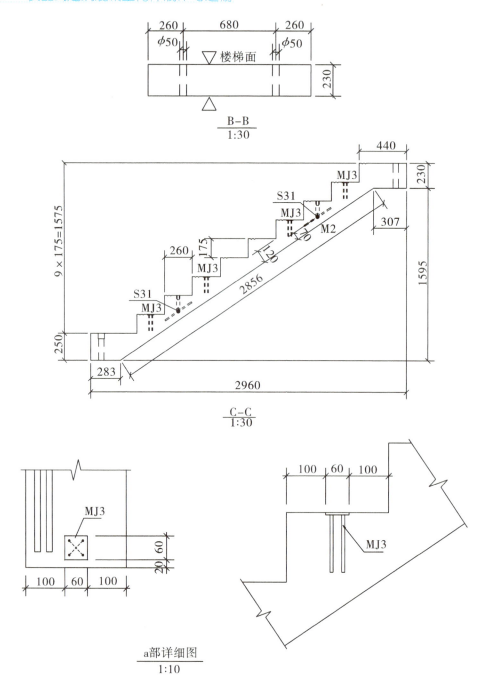

$$\frac{B-B}{1:30}$$

$$\frac{C-C}{1:30}$$

$$\frac{a部详细图}{1:10}$$

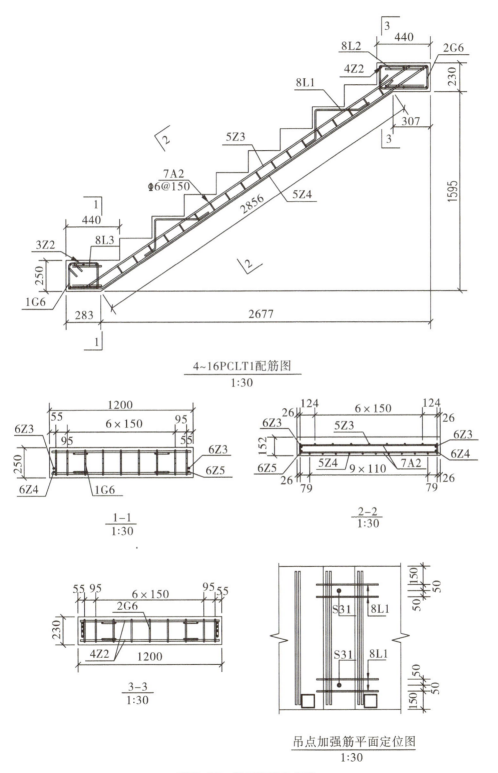

4~16PCLT1配筋图
1:30

1-1
1:30

2-2
1:30

3-3
1:30

吊点加强筋平面定位图
1:30

图 3-64　预制楼梯生产图

从构件的平面图中可以看到,楼梯水平投影宽为 1200 mm,水平投影长 2960 mm,共有 8 个踏步,每个踏步均设置防滑槽;踏步水平投影宽均为 260 mm,防滑槽距楼梯两侧各 50 mm。图中踏步面层设置有 4 个吊装用预埋件;安装栏杆一侧侧面设置 2 个吊装用预埋件,方便构件生产完成后的吊装脱模及施工现场吊装;踏步面层上的预埋件均距楼梯侧边 200 mm;所有吊装用预埋件均位于踏步段中心线上,距左右踏步段 130 mm。

从构件的底面图中可以看到,楼梯下端梯梁的水平投影宽为 283 mm,上端梯梁的水平投影宽为 307 mm。图中销键预留洞中心线均距混凝土面 260 mm 和 100 mm,每个销键预留洞周边,均设置 2 根"U"形洞口加强筋。

从平面图中分别引出了 A–A、B–B、C–C 剖面图。根据踏步段防滑槽的位置可知,A–A 剖面图展示的是楼梯下端梯梁的构造。梯梁高 250 mm,长 1200 mm。位于梯梁上部的孔洞,直径为 60 mm,高为 50 mm;位于梯梁下部的孔洞,直径为 50 mm,高为 200 mm。

B–B 剖面图展示的是楼梯上端梯梁的构造。从图中可知,梯梁高 230 mm,长 1200 mm。图中梯梁预留孔洞的直径为 50 mm。

C–C 剖面图展示的是楼梯侧面的结构。从图中可知,楼梯侧面有吊装用预埋件、栏杆预埋件。预制楼梯高为 1825 mm,每个踏步高 175 mm,踏步段梯板厚 120 mm,长 2856 mm。图中栏杆预埋件有 4 个,楼梯侧面吊装用预埋件有 2 个,吊装用预埋件与梯段底面的垂直距离为 70 mm。

预制楼梯配筋图除常规配筋图、配筋表外,还应包括箍筋加密详图等。与建筑结构图相比,预制构件的配筋图比较复杂,每个构件的钢筋类型、长度及根数设计图纸中都已给出具体数据,不需要根据钢筋平法来计算锚固长度、钢筋根数、箍筋根数等参数。

配筋图中给出了各类钢筋的编号,结合配筋表,就能够知道这些钢筋的具体信息。配筋图中,楼梯上下两端梯梁分别布置纵筋 3Z2、4Z2,梯板分布筋 7A2 在梯板上下纵筋的内侧连续布置,间距为 150 mm,直径为 6 mm,三级钢,梯梁内不布置分布筋。

从 1–1 剖面图中可看出,下端梯梁内箍筋的加密区间距为 95 mm,非加密区间距为 150 mm,首个箍筋距混凝土边 55 mm。

2–2 剖面图中,梯板边缘加强筋分布在梯板两个侧面,且在梯板分布筋内侧,共计四根。梯板上部纵筋 5Z3 间距为 150 mm,最外侧的 2 根钢筋均距混凝土面 26 mm。梯板下部纵筋 5Z4 间距为 110 mm,最外侧的 2 根钢筋均距混凝土面 26 mm。

3–3 剖面图中,上端梯梁内箍筋的加密区间距为 95 mm,非加密区间距为 150 mm,首个箍筋距混凝土边 55 mm。

从平面图中我们可以了解到构件的位置、编号和种类等信息。4～16 表示楼层为标准层,同一位置使用的构件相同。PCLT 表示预制楼梯,1 表示楼梯构件编号。同类构件在安装施工过程中,一般按照图纸上构件的编制序号进行吊装。

生产工艺流程
(预制楼梯)

二、预制楼梯制作

楼梯生产有卧式、立式两种生产模式,故模具也有卧式模具、立式模具两种。卧式模具又分为合页式整体模具和分离式模具。如图 3-65、图 3-66 所示。

图 3-65 立式模具

图 3-66 卧式模具

立式楼梯模具由三部分构成:底座、正面锯齿形模板、背面平模板。正面锯齿形模板与底座固定,背面模板可在底座上滑移以实现与锯齿形模板的开合。背面模板滑向正面锯齿形模板,并待两者靠紧后,将上部、左右两侧的丝杆卡入锯齿形模板上的钢架连接点的凹槽内,拧紧螺母,固定牢靠。

分离式模具是指以锯齿形的正面模板为底模,两个侧模板和两个端面模板为边模的模具。模具组装时先把底模放平,把侧面和端部安放在底模上。用螺栓拧紧固定边模与底模,形成一个牢固的卧式楼梯模具。

合页式整体模具是指在分离式模具的基础上,底模和侧模、底模和端模采用合页连接。使用时无需烦琐地拆卸,大大节省了操作时间和人力成本,提高了生产效率。合页连接方式在一定程度上保证了模具各部分之间的相对稳定性和整体性,有助于确保预制楼梯的质量和尺寸精度。在实际应用中还能减少模具部件的丢失或损坏风险,也更便于模具的存储和管理,为预制楼梯的生产带来了诸多便利。

目前,楼梯预制有两种生产工艺,即立模浇筑法、卧模浇筑法。下面就两种工艺一一介绍。

(一)生产准备

1.图纸会审

收到预制构件生产图后,应及时组织工厂技术、质检、生产、材料、实验室等各部门对图纸进行全面细致的审查,找出需要解决的问题,通过与设计人员沟通,把不清楚的地方加以明确,有问题的找出可行的解决方案,并汇总形成书面会审记录初稿,向上级单位呈报,由上级单位组织设计院、安装施工方参加的图纸会审会议,讨论并确定方案。

2.技术准备

根据施工图设计文件、构件制作详图和相关技术标准,由技术部门负责编制构件生产制作方案。

3.生产工具及原材料准备

生产工具:螺栓、卷尺、滚刷、鼓风机、撬棍、电动扳手等。

材料:脱模剂、垫块、扎丝、密封条、内埋式螺母等。

原材料进厂入库前必须经过质检员验收,检验程序、检测档案等管理应符合规章制度及技术标准的规定。

原材料中的水泥、骨料、外加剂、掺合料、钢筋和预埋件等应符合现行国家标准的要求,并按照国家相关标准进行进厂复检,经检测合格后方可使用。

4.安全文明生产

组织产前培训,管理人员应该学习有关规范和标准,对班组进行技术交底和安全教育;特殊工种应该通过年审并持证上岗。

检查劳保用品,在保证完好无损的情况下穿戴整齐,正确遵循安全文明生产手册内容进行生产。

生产施工前对环境卫生及设备进行检查。预制构件生产线、搅拌站、行车等机械设备进行维护保养,使其处于完好状态。搅拌站、布料机、养护库等有电脑程序计量的设备应该进行精确调试保证其计量的准确。如有存在安全隐患的及时报备并进行维修,避免在施工过程中发生安全事故。

(二)楼梯立式生产工艺流程

楼梯立式生产工艺流程如图3-67所示。

1.模具清理

打开模具丝杠连接,将立式楼梯模具活动一侧滑出。检查楼梯模具的稳固性能及几何尺寸的误差、平整度。对楼梯模具的表面进行抛光打磨,确保模具光洁、无锈迹。所有工装全部清理干净,无残留混凝土,所有模具外侧要清理干净,清理下来的混凝土残渣要及时收集到指定的垃圾筒内。

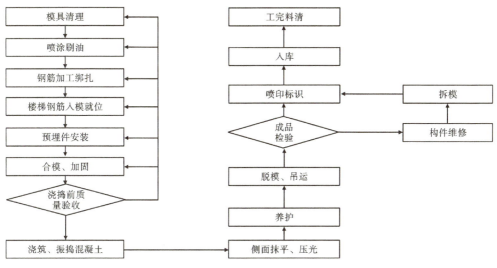

图 3-67　楼梯立式生产工艺流程

2. 喷涂刷油

刷涂脱模剂前,对照图纸及生产工艺,选择对应的脱模剂。脱模剂必须采用水性脱模剂,并按照确定的比例调配均匀,模具清理干净后,方可进行脱模剂的涂刷,脱模剂涂抹要均匀,不得有堆积、流淌现象,喷涂脱模剂后的模具表面不准有明显痕迹,涂刷脱模剂时,严禁污染钢筋及各种埋件。如图 3-68 所示。

图 3-68　喷涂刷油

3. 钢筋加工绑扎

钢筋下料必须严格按照设计及下料单要求制作,首件钢筋制作,必须通知技术、质检及相关部门检查验收,制作过程中应当定期、定量检查,对于不符合设计要求及超过允许偏差的一律不得绑扎,按废料处理。

在绑扎工位,在支架上按照设计图纸要求绑扎楼梯钢筋,并绑扎垫块,垫块间距300~800 mm 为宜。如图 3-69 所示。

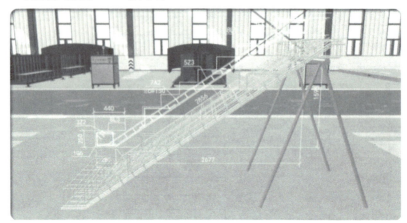

图 3-69 钢筋绑扎示意图

4. 楼梯钢筋入模就位

用行车和吊具将绑好的楼梯钢筋骨架吊入楼梯模具内,调整位置,保证混凝土保护层厚度。如图 3-70 所示。

图 3-70 钢筋入模就位

5. 预埋件安装

按照图纸将预埋件预埋至指定位置,预埋吊环应绑扎在钢筋笼上,并放置加强筋,工装应绑扎在钢筋骨架上,使用螺栓将预埋螺母放置在指定位置并用工装固定,严禁预埋件漏放或错放。如图 3-71 所示。

图 3-71　预埋件安装

6. 合模、加固

合模前用卷尺测量钢筋的长度和排距是否符合要求,测量预埋件中心线至模具边的距离,确保误差在允许范围内。使用密封胶条,在模具周边密封。将移动一侧的模板滑回,与固定一侧模板合在一起,关闭模具,用连接杆将模具固定,并紧固螺栓。如图 3-72 所示。

图 3-72　合模、加固

7. 浇筑、振捣混凝土

浇筑前检查混凝土坍落度是否符合要求,过大或过小不允许使用,且料量不准超过理论用量的 2%。预制楼梯采用对称浇筑、分层浇筑和分层振捣的方式,每层浇筑高度控制为 20~30 cm,每次插振捣棒振捣时间控制为 20~30 s,振至混凝土停止下沉、表面泛浆、不冒气泡为止。振捣时避开埋件,以免使其发生位置偏移,保证振捣后混凝土表面水平。也可采用楼梯模具外侧的附着式振动器,进行楼梯混凝土的振捣密实。如图3-73所示。

图3-73　浇筑、振捣

8.侧面抹平、压光

混凝土浇筑振捣完毕后,使用刮杠将混凝土表面刮平,并将贴近表面的石子压下,为抹平工序做好准备。待混凝土初凝强度达到抹平工序要求后,开始进行构件混凝土表面抹平工序。先用塑料抹子粗抹,做到表面基本平整,无外漏石子,外表面无凹凸现象,边沿的混凝土如果高出模具上沿要及时压平,保证边沿不超厚、无毛边。静置1 h后,使用铁抹子压光,对抹面过程中产生的残留混凝土要及时清理干净放入指定的垃圾筒内,抹平工序过程中,严禁在混凝土表面洒水。如图3-74所示。

图3-74　抹平、压光

9.养护

抹面之后、蒸养之前需静停,静停时间以用手按压无压痕为标准,即混凝土强度达到1.2 MPa以上。蒸养前将固定预埋件的工装拆除,在构件表面加盖蒸养棚,开始进行构件蒸养,也可进蒸养窑蒸养。蒸养时需注意升、降温速度不宜超过20 ℃/h,最高养护温度不宜超过60 ℃,预制构件脱模时的表面温度与环境温度的差值不宜超过25 ℃,养护湿度不小于90%。如图3-75所示。

图3-75　蒸养棚

10.脱模、吊运

预制构件达到可进行脱模所要求的设计强度后进行脱模工序,如果设计无要求,预制楼梯强度达到15 MPa以上方可脱模起吊。拆卸模板时,尽量不要使用重物敲打模具侧模,以免造成模具变形、损坏。脱模过程中,不允许磕碰构件,要保证构件的完整性,模具侧板拆卸下来后轻拿轻放,清理完毕后整齐放到模具存放区待用,拆卸下来的工装、螺栓、各种零件等必须清理完毕后放到指定位置待用,保证所有需要拆卸掉的工装、封堵完全拆卸掉。

起吊之前,检查模具、工装是否拆卸完全,如未脱模完全,不允许进行构件吊装作业。经检验确定使用的吊具没有安全隐患并正确安装后方可进行构件吊装作业,采用构件侧面预埋的吊钉或吊环,缓慢起吊,借助工装设施完成构件平稳脱模、翻转。

构件脱模、翻转后,使用专用吊具将构件吊运至指定的构件待检区域待检,在构件下方垫300 mm×300 mm木方。整个过程保证构件平稳,不允许发生磕碰。如图3-76所示。

11.成品检验

脱模后的构件先平放到指定区域,用卷尺检查预埋件至构件边线的距离;观察混凝土外表面,混凝土外观不应有严重缺陷;用卷尺测量构件尺寸,各被检查部分符合验收规范。对有严重缺陷的构件(如出现贯穿性裂纹)做报废处理。对于外观有气泡、表面龟裂或不影响结构的裂纹、轻微漏振等现象可进行修补,对于平整度超差或外形尺寸超差及边角毛边要进行打磨处理,重新检验。

12.喷印标识

检查完全合格的构件,打上标识,标识应向外、明确、耐久,标识宜包括构件编号、制作日期、合格状态、生产单位等信息。

图 3-76　起吊

13. 入库

构件检查无误后填写入库单,办理入库交接手续。入库构件应分型号码放,水平放置,层间用木方隔开,不超过 4 层或 1.5 m。

14. 工完料清

制作人员需要在工作结束后,认真整理剩余的原材料、配件等,将其妥善放置在规定的位置,对产生的废料、垃圾等进行及时清理和处置,并在当日生产工作结束后归还相应工具。

(三)楼梯卧式生产工艺流程

楼梯卧式生产工艺流程如图 3-77 所示。

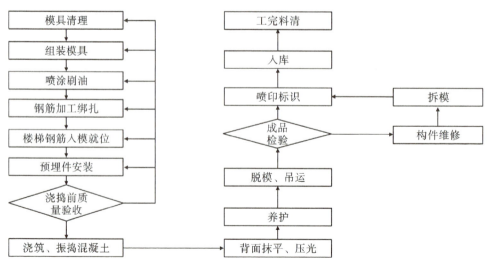

图 3-77　楼梯卧式生产工艺流程

卧式楼梯的生产与立式楼梯的预制生产工艺除组模以外,其他过程基本一致,就是抹面收光的工作量大。

卧式楼梯模具的组模,先安放底模(锯齿状模板),再安装两侧的侧模和端模,然后用螺栓紧固,脱模则相反。

习　题

一、填空题

1. 组成图纸的三要素是_____、_____和_____。

2. 模具应具有足够的_____、_____和整体_____。

3. 表面缓凝剂的涂刷必须用_____。

4. 叠合板底板钢筋相邻绑扎点铁丝扣成_____。

5. 浇筑时混凝土倾落高度不宜大于_____。

6. 混凝土从出机到浇筑完毕的延续时间,气温高于 25 ℃时,不宜超过_____,气温不高于 25 ℃时,不宜超过_____。

7. 预养护的温度一般控制在_____左右,养护湿度不低于_____。

8. 脱模之前需进行混凝土抗压试验,试验结果达到_____以上方可脱模起吊。

9. 预制楼梯采用_____、_____和_____的方式,每层浇筑高度控制在 20 ~ 30 cm,每次插振捣棒振捣时间控制在 20 ~ 30 s,振至混凝土停止下沉、表面泛浆,不冒气泡为止。

10. 卧式楼梯的生产与立式楼梯的生产工艺除组模以外,其他过程基本一致,就是_____的工作量大。

二、简述题

1. 简述叠合板生产工艺流程。

2. 简述预制柱生产工艺流程。

3. 简述预制梁生产工艺流程。

4. 简述预制楼梯立式生产工艺流程。

5. 简述预制保温外墙板生产工艺流程。

项目三习题答案

项目四

PC 构件标识、存放与运输

素质目标　1. 培养学生立足岗位,勇于担当,用专业知识服务祖国建设的家国情怀;

2. 培养学生自主学习、独立思考、严谨细致的学习习惯;

3. 培养学生吃苦耐劳、爱岗敬业、精益求精、团结协作的职业素养。

知识目标　1. 熟悉 PC 构件标识的种类和特点;

2. 熟悉 PC 构件存放的要求和规律;

3. 掌握 PC 构件常见的运输方法。

能力目标　1. 能选择合适的 PC 构件标识方式;

2. 能组织 PC 构件厂内转运和存放;

3. 能组织 PC 构件厂外运输。

任务一　　PC 构件标识

一、标识样式

入库后和出厂前,PC 构件必须进行产品标识,标明产品的各种具体信息。

目前,没有统一的标识编制规范或规程,但部分地区已经发布了地方性标准或团体标准,比如深圳市建筑产业化协会就于 2019 年发布了团体标准《预制混凝土构件产品标识标准》(T/BIAS 3)。一般情况下,预制混凝土标识中应包括工程名称(含楼号)、构件编号(含层号)、构件重量、生产日期、检验人以及楼板安装方向等信息。这些标识常见的有喷涂或粘贴的产品标识单(见图 4-1)、喷涂或粘贴的二维码标识(见图 4-2)和射频识别(RFID)电子芯片三种(见图 4-3)。

工程名称		生产日期	
构件编号		检验日期	
构件重量		检查人	
构件规格			

图 4-1　产品标识单

图 4-2　预制构件上的二维码标识

二、标识的信息化

为了在预制构件生产、运输存放、装配施工等环节，保证构件信息跨阶段的无损传递，实现精细化管理和产品的可追溯性，就要为每个 PC 构件编制唯一的"身份证"——ID 识别码（二维码或芯片）。并在生产构件时，在同一类构件的同一固定位置，置入射频识别（RFID）电子芯片或粘贴二维码（见图 4-4）。

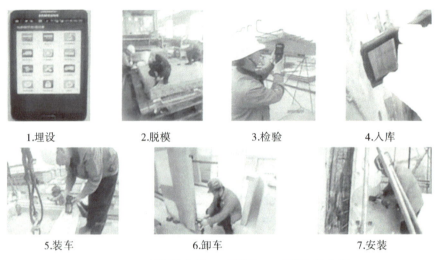

1.埋设　　　　2.脱模　　　　3.检验　　　　4.入库

5.装车　　　　　　6.卸车　　　　　　7.安装

图4-3　预制构件身份证(PCID)——RFID 信息卡

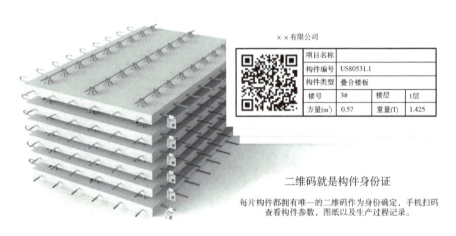

图4-4　某公司的预制构件复合标识

　　喷涂或粘贴的标示单,简单且成本低,属于静态标识,无法用于信息化管理;二维码标识,制作简单,成本低,也属于静态标识,需要用专用的扫码客户端来扫码识读,不具备写入功能,可以用于简单的信息化管理;RFID 标识,芯片成本高,需在生产过程中预埋,无需扫码也能读写,可用于较为复杂的信息化管理。

　　其中,RFID 技术是一种通信技术,俗称电子标签。可通过无线电信号识别特定目标并读写相关数据,而无须识别系统与特定目标之间建立机械或光学接触。该技术应用广泛,特别是建筑行业(见图4-5)。

RFID技术，数据实时更新
信息关联，实时更新；
数据累计，趋势分析；
进度管控、质量管控、工业化研究。

生产车间植入RFID芯片

成品入库验收

出厂校核

入场验收

吊装管理

图 4-5　RFID 技术的应用场景

2018 年住房和城乡建设部发布国家标准《射频识别应用工程技术标准》公告，编号为 GB/T 51315—2018，自 2019 年 3 月 1 日起实施（见图 4-6）。

UDC

中华人民共和国国家标准

P　　　　　　　　　　　　　GB/T　51315-2018

射频识别应用工程技术标准

Techinical standard for RFID application engineering

2018-09-11　发布　　　　　2019-03-01　实施

中华人民共和国住房和城乡建设部
国 家 市 场 监 督 管 理 总 局　联合发布

图 4-6　射频识别应用工程技术标准

RFID 实际上用于装配式建筑施工的整个环节中,包括制作、运输、入场、存储、吊装等。

(一)构件制作

在装配式建筑的构件制作过程中,相关的工作人员利用相关的读写设备将构件的相关信息记录下来,在编码后输入到 RFID 的芯片中,然后给各个环节的工作人员参考和使用,该技术的运用,能够保证建筑环节的有序性(见图4-7)。

图4-7　RFID 生产溯源

竖向构件埋设在相对楼层建筑高度 1.5 m 处,叠合楼板、梁等水平放置构件统一埋设在构件中央位置。芯片置入深度 3~5 cm,且不宜过深。

(二)构件运输

在装配式建筑的构件运输环节中,将 RFID 的芯片植入到相关的运输车辆上,该技术的使用,能够帮助运输人员在最短的时间内根据实际的路况制订出最优化的运输路线,进而加快运输的速度,并在最大限度上降低了运输的时间和费用,从而推动了工程的建设并缩减了工程建设的成本(见图4-8)。

(三)构件入场及存储管理

在装配式建筑的构件入场及存储管理阶段,由于事先在门禁系统中安装了 RFID 技术的读卡器设备,所以当运输车到达施工现场之后,门禁系统就会自动通知质检员进行相关的检测,该技术的使用能够缩减工程建设的时间。此外,质检员将配件检查之后的信息又录入 RFID 的芯片中备案,方便了日后的查询和使用(见图4-9)。

一物一码　　生产溯源　　移动协同　　堆场管控　　自动报表

构件唯一身份　流程严格把控　实时移动协同　实时库存数据　报表自动生成
一物一码管理　掌控进度节奏　信息高效沟通　快速定位构件　数据一键导出

微信就是你的工作台

用最便捷最熟悉的方式，在手机上完成工作协同

图 4-8　RFID 移动协同

一物一码　　生产溯源　　移动协同　　堆场管控　　自动报表

构件唯一身份　流程严格把控　实时移动协同　实时库存数据　报表自动生成
一物一码管理　掌控进度节奏　信息高效沟通　快速定位构件　数据一键导出

实时库存，快速定位

库存数据实时更新，解决盘点难题。
快速定位构件位置，提高发货效率

图 4-9　RFID 堆场管控

（四）构件吊装

在装配式建筑的构件进行吊装的环节中,地面的相关技术人员和在施工机械上进行操作的人员各持 RFID 技术的阅读器和显示器,通过 RFID 技术的无线电波获取到相关的数据,之后相关的机械操作人员通过相关的数据,进行相应的分析,继而有序地实行相关构件的吊装。

在此环节中,RFID 技术的运用能够在最大程度上优化吊装的过程。在实际的吊装过程中,由于 RFID 技术的运用,使得构件的吊装往往一步到位,从而推动整个建筑环节的发展。此外,由于 RFID 技术在实际的运用中,具有在小范围内实现高度精确定位的特点,基于这种特点,提高了吊装工作的效率,继而在最大程度上优化了装配式建筑施工的管理和应用(见图 4-10)。

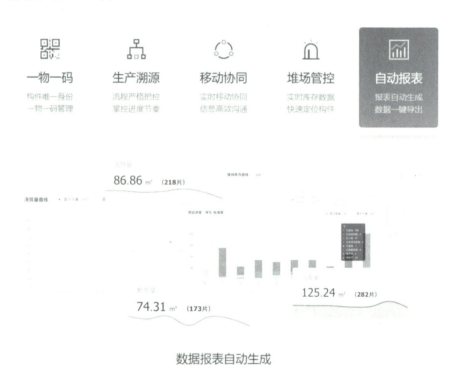

图 4-10 RFID 自动报表

在 2021 年,工业和信息化部、中央网络安全和信息化委员会办公室、科学技术部、生态环境部、住房和城乡建设部、农业农村部、国家卫生健康委员会、国家能源局等八部门联合印发的《物联网新型基础设施建设三年行动计划(2021—2023 年)》中明确指出,在智能建造方面,要加快智能传感器、射频识别(RFID)、二维码、近场通信、低功耗广域网等物联网技术在建材部品生产采购运输、BIM 协同设计、智慧工地、智慧运维、智慧建筑等方面的应用,利用物联网技术提升对建造质量、人员安全、绿色施工的智能管理与监管水平。

三、标识读取

RFID 芯片(二维码)编码要与构件编号一一对应。

为方便在存储、运输、吊装过程中对构件进行系统管理,有利于安排下一步工序,构件编码信息录入要全面,应包括原材料检测、模板安装检查、钢筋安装检查、混凝土配合比、混凝土浇筑、混凝土抗压报告、入库存放等信息。

可用微信扫描读取二维码,用 RFID 扫描枪扫描 RFID 电子芯片等方式,即可查询到产品数据(见图 4-11)。

图 4-11　RFID 扫描枪读写构件参数

任务二　PC 构件存放

一、PC 构件存放

装配式建筑施工中,预制构件品种多,数量大,无论在生产车间还是施工现场均占用较大场地面积,因此合理有序地对构件进行分类堆放,对于减少构件堆场使用面积,加强成品保护,加快施工进度,构建文明施工环境均具有重要意义。预制构件的堆放应按规范要求进行,以确保预制构件存放过程中不受破坏,运输及吊装时能快速、便捷地找到对应构件。

(一)场地要求

①预制构件的存放场地宜为混凝土硬化地面或经人工处理的地坪,除应满足平整度

和承载力要求,还应有排水措施。

②预制构件堆放时应使构件与地面之间留有一定空隙,避免与地面直接接触,构件须搁置于方木或软性材料上(如塑料垫片),构件堆放的支垫除应坚实牢靠,还应有防止构件污染的措施。

③预制构件堆放场地应在吊装设备有效起重范围内,尽量避免二次转运。场地大小应根据产能、构件数量、尺寸及安装计划综合确定。

④预制构件应按规格型号、出厂日期、使用部位、吊装顺序分类存放,编号清晰。不同类型构件之间应留有不少于0.7 m的人行通道。

⑤预制构件存放区域2 m范围内不应进行电焊、气焊作业,以免污染。露天堆放时,预制构件的预埋铁件应有防锈措施。预制构件易积水的预留、预埋孔洞等处应采取封堵措施。

⑥预制构件应采取合理的防潮、防雨、防边角损伤措施,堆放边角处应设置明显的警示隔离标识,防止车辆或机械设备碰撞。

(二)破损修复

构件存放前,要对构件的破损进行修复。

成品检验

1. 缺棱掉角的处理

用钢钎和铁锤将预制构件待修补部位的松动混凝土清除,确保待修补部位结实坚固;用压力水冲洗待修补部位使其表面充分湿润,用抹布擦干修补部位的积水;将配置的修补液(修补液∶水=1∶4)涂刷在待修补部位,然后将采用修补液(修补液∶水=1∶2)配制的快硬无收缩砂浆用力涂抹于待修补部位,使其表面与原构件结构的表面平整一致,保证构件轮廓完整;修补完成后及时覆盖、洒水养护(见图4-12)。

图4-12 预制构件缺棱掉角

2.蜂窝麻面的处理

用钢丝刷用力刷洗构件至露出结实坚固的混凝土;用压力水枪对刷过的部位进行冲洗,使待修补的部位处于清洁、湿润状态;将采用修补液(修补液∶水＝1∶3)配置的饰面修补砂浆涂抹于待修补部位,使其表面与原构件结构的表面平整一致;修补完成后及时覆盖、洒水养护(见图4-13)。

图4-13　预制构件蜂窝麻面

3.露筋的处理

用钢钎和铁锤对外漏钢筋周边的混凝土进行凿毛处理,用棕刚玉纱布清理表面附着物,用压力水枪冲洗待修补部位。然后用抹刀和灰板将与原混凝土同水灰比的砂浆施工于待修补部位,使其表面与原构件结构的表面平整一致,修补完成后及时覆盖洒水养护(见图4-14)。

4.出筋长度不符合要求的处理

当钢筋外露长度较短或者钢筋被截断时,可以对钢筋进行焊接:首先用棕刚玉纱布清理焊接部位的锈斑、油污杂物等;再用电焊机将与原钢筋同等型号、形状相同的钢筋与原钢筋焊接,焊缝表面应光滑,焊坑应饱满且单面焊不得小于$10d$(d为钢筋直径)。当箍筋外露长度偏长时,首先将钢筋切断,再用棕刚玉纱布清理焊接部位,最后采用电焊机进行焊接,焊缝面应光滑,焊坑应饱满,单面焊不得小于$10d$。出筋长度及焊缝质量满足规范及设计要求方为修复完成。

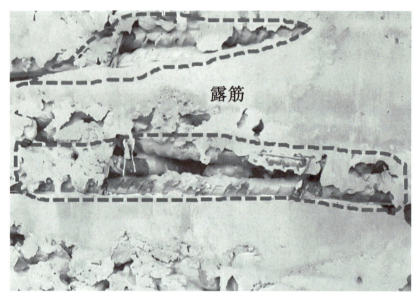

图4-14　预制构件露筋

(三)构件入库

装车入库的构件必须经过质检人员检验合格,未经检验或检验不合格的构件严禁装车;同一车构件应尽量为同一楼层构件,不得混装。

吊装入库

车辆出车间后应根据车上的构件及规划好的库位将车辆停放到指定库位;构件卸车码放应符合规范要求及分层分段原则。入库构件均应扫描构件上的二维码登记,如发现二维码损坏,应及时补卡扫描,如上道扫卡程序未完成,应退回车间或联系质检人员到现场解决。

(四)堆放方式

构件堆放方式主要有平放和立(竖)放两种,应根据构件的刚度及受力情况选择。通常情况下,梁、柱等细长构件宜水平堆放,且不少于两条垫木支撑;墙板宜采用托架立放,其上部两点支撑;叠合楼板、楼梯、阳台板等构件宜水平叠放,叠放层数应根据构件与垫木或垫块的承载力及堆垛的稳定性确定,必要时应设置防止构件倾覆的支架,一般情况下,叠放不宜超过6层,如受场地条件限制,增加堆放层数时须先进行承载力验算。

1.平放的注意事项

①对于宽度不大于500 mm的构件,宜采用通长垫木,宽度大于500 mm的构件,可采用不通长垫木。

②不同层的垫木必须放置在同一条竖直线上。

③构件平放时应使吊环向上,标识向外,便于查找及吊运。

2.竖放的注意事项

①竖放可分为插放和靠放两种方式。插放时场地必须清理干净,插放架必须牢固,垂直落地;靠放时应有牢固的靠放架,必须对称靠放和吊运,其倾斜角应保持大于80°,构件上部用垫块隔开。

②构件的断面高宽比大于2.5时,堆放时下部应加支撑或有坚固的堆放架,上部应拉牢,避免倾倒。

③堆放场地应设置为粗糙面,以防止脚手架滑动。

④柱和梁等立体构件要根据各自的形状和配筋选择合适的储存方法。

二、存放方案编制

(一)预制墙板堆放

墙板垂直立放时,宜采用专用"A"字形插放架(见图4-15)或对称靠放架(见图4-16),长期靠放时必须加安全塑料带捆绑或钢索固定,支架应有足够的强度、刚度及稳定性。预制外挂墙板外饰面朝外,墙板宜用枕木或柔性垫片将刚性支架隔开,避免直接接触碰坏墙板。

图4-15 "A"字形插放架

图4-16 对称靠放架

墙板采用立式存放架存储,可使用翻板机(见图4-17)将墙板从水平码放方式调整为立式存放方式。

图4-17　翻板机

夹心墙板采用立式存放架存储,墙板宽度小于4 m时,墙板下部垫2块100 mm×100 mm×250 mm的木方;墙板宽度大于4 m或带门洞时,墙板下部垫3块木方,墙体重心位置处一块,两端各一块。

(二)预制梁、柱构件堆放

预制梁、柱等细长构件宜水平堆放(见图4-18、图4-19),预埋吊装孔表面朝上,高度不宜超过2层,且不宜超过2.0 m。实心梁、柱需在两端(0.2~0.25)L(构件长度)间垫上枕木,底部支撑高度不小于100 mm,若为叠合梁,则须将枕木垫于实心处,不可让薄壁部位受力。

(三)预制板类构件堆放

预制板类构件可采用叠放方式存放,其叠放层数应按构件强度、地面承载力、垫木强度以及垛堆的稳定性而确定,叠合板需分型号水平码放,第一层叠合板与地面之间用钢架或木方分隔,各层叠合板间根据构件长度用4~6块100 mm×100 mm×250 mm的木方隔开,木方上下要对齐,且位于吊点附近,防止构件变形开裂。存放层数不超过8层或高度不超过1.5 m。预制叠合板堆放示意如图4-20所示。

图 4-18　预制柱的堆放

图 4-19　预制梁的堆放

（四）预制楼梯或预制阳台堆放

楼梯或异型构件若需叠层存放,必须考虑支撑稳固性,且高度不宜过高,必要时应设置堆置架以确保堆置安全。楼梯与地面之间用钢架或木方支撑。楼梯应分型号码放,折跑梯左右两端第二个、第三个踏步位置应垫 4 块 100 mm×100 mm×500 mm 的木方,距离前后两侧为 250 m,保证各层木方水平投影重合。垫块上下要对齐,防止构件变形开裂。楼梯的堆放层数不超过 6 层(见图 4-21)。

图 4-20   叠合板的堆放

图 4-21   楼梯的堆放

任务三　**构件运输**

一、PC 构件厂外运输

（一）合理运距

合理运距的测算主要是以运输费用占构件销售单价的比例为参考的。通过对运输成本和预制构件销售价格进行对比，可以较准确地测算出运输成本占比与运输距离的关系，也可根据国内平均或者世界上发达国家占比

情况反推合理运距。从预制构件生产企业布局的角度来讲，合理运输距离与运输路线相关，而运输路线往往不是直线，运输距离还不能直观地反映布局情况，故提出了合理运输半径的概念。

合理运输半径测算：根据预制构件运输经验，实际运输距离平均值较直线距离增加20% 左右，故将构件合理运输半径确定为合理运输距离的 80% 左右。例如：若合理运输半径为 100 km，以项目建设地点为中心，以 100 km 为半径的区域内的生产企业，其运输距离基本可以控制在 125 km 以内，从经济性和节能环保的角度看，处于合理范围。总的来说，如今国内的预制构件运输与物流的实际情况仍有很多有待提升的地方。目前，虽然有个别企业在积极研发预制构件的运输设备，但总体来看还处于发展初期，标准化程度低，存放和运输方式还较为落后。同时受道路路况、国家运输政策及市场环境的限制和影响，运输效率不高，构件专用运输车数量紧缺且价格较高。

（二）合理运输距离分析

某预制构件企业可行性研究阶段为确定投资规模，须对预制构件合理运输距离进行分析（见表 4-1）。

表 4-1　某地区预制构件合理运输距离分析表

项目	近运距	中距离	较远距离	远距离	超远距离
运输距离/km	30	60	90	120	150
运费/（元/车）	1100	1500	1900	2300	2650
运费/[元/（车·km）]	36.7	25	21.1	19.2	17.7
平均运量/（m³/车）	9.5	9.5	9.5	9.5	9.5
平均运费/（元/m³）	116	158	200	242	252
水平预制构件市场价格/（元/m³）	3000	3000	3000	3000	3000
水平运费占构件销售价格的比例/%	3.87	5.27	6.67	8.07	8.4

在预制构件合理运输距离分析表中，运费参考了某预制构件企业近几年的实际运费

水平。预制构件每立方米综合单价以平均 3000 元计算（水平构件较为便宜，为 2400～2700 元；外墙、阳台板等复杂构件为 3000～3400 元）。以运费占销售额 8% 估计的合理运输距离约为 120 km。

（三）准备工作

构件运输的准备工作主要包括制订运输方案、设计并制作运输架、验算构件强度、清查构件及查看运输路线。

①制订运输方案。此环节需要根据运输构件实际情况，装卸车现场、运输成本及线路的情况，最终选定运输方法、起重机械、运输车辆和运输路线。

②设计并制作运输架。运输架的设计制作应根据构件的质量和外形尺寸确定，并考虑运输架的通用性。

③验算构件强度。预制构件应根据运输方案所确定的条件，验算在最不利截面处的抗裂性能，避免在运输中出现裂缝。

④清查构件。清查构件的型号、核算质量和数量、合格印和出厂合格证书等。

⑤查看运输路线。在运输前需对路线进行现场踏勘，对于沿途可能经过的桥梁、桥洞、电缆、车道的承载能力、通行高度、宽度、弯度和坡度，沿途上空有无障碍物等实地考察并记载，制订出最佳、顺畅的路线。

（四）装车基本要求

①凡需现场拼装的构件应尽量将构件成套装车或按安装顺序装车运至现场。

②构件起吊时应拆除与相邻构件的连接，并将相邻构件支撑牢固。

③对大型构件，宜采用龙门吊（见图 4-22）或桁车吊运。当构件采用龙门吊装车时，起吊前吊装工须检查吊钩是否挂好，构件中螺丝是否拆除等，避免影响构件的起吊安全。

图 4-22　厂内龙门吊

④构件从成品堆放区吊出前,应根据设计要求或强度验算结果,在运输车辆上支设好运输架。

⑤外墙板采用竖直立放运输为宜,支架应与车身连接牢固,墙板饰面层应朝外,构件与支架应连接牢固。

⑥楼梯、阳台、预制楼板、短柱、预制梁等小型构件以水平运输为主,装车时支点搁置要正确,位置和数量应按设计要求进行。

⑦构件起吊运输或卸车堆放时,吊点的设置和起吊方法应按设计要求和施工方案确定。

⑧运输构件的搁置点:一般等截面构件在长度 1/5 处,板的搁置点在距端部 200 ~ 300 mm 处。其他构件视受力情况确定,搁置点宜靠近节点处。

⑨构件装车时应轻吊轻落、左右对称放置在车上,保持车上荷载分布均匀;卸车时按后装先卸的顺序进行,保持车身和构件稳定。构件装车编排应尽量将质量大的构件放在运输车辆前端或中央部位,质量小的构件则放在运输车辆的两侧。应尽量降低构件重心,确保运输车辆平稳,行驶安全。

⑩采用叠放方式运输时,构件之间应放有垫木,并在同一条垂直线上,且厚度相等。有吊环的构件叠放时,垫木的厚度应高于吊环的高度,且支点的垫木应上下对齐,并应与车身绑扎牢固。

⑪构件与车身、构件与构件之间应设有毛毡、板条、草袋等隔离体,避免运输时构件滑动、碰撞。

⑫预制构件固定在装车架上以后,需用专用帆布带、夹具或斜撑夹紧固定。

⑬构件抗弯能力较差时,应设抗弯拉索,拉索和捆扎点应计算确定。

二、厂外运输方案编制

物流路线规划

(一)立式运输

在低底盘平板车上根据专用运输架情况,墙板对称靠放或者插放在运输架上。适用于内、外墙板和 PCF 板等竖向构件(见图 4-23)。

(二)平层叠放运输

将预制构件平放在运输车上,叠放在一起进行运输。适用于立放有危险,且叠放容易堆码整齐的构件(阳台板、楼梯等)(见图 4-24)。

(三)多层叠放运输

平层叠放标准为 6 层/叠,不影响质量安全时可到 8 层/叠,堆码时按产品的尺寸大小堆叠。

预应力板:堆码 8 ~ 10 层/叠;叠合梁:2 ~ 3 层/叠(最上层的高度不能超过挡边一层),考虑是否有加强筋向梁下端弯曲。适用于构件质量不大、面积不大的构件(叠合板、装饰板等)。

除此之外,一些小型构件和异型构件,多采用散装方式进行运输。

图 4-23　内墙板立式运输

图 4-24　平层叠放运输

(四)构件运输

1.预制墙板运输

装车时,先将车厢上的杂物清理干净,然后根据所需运输构件的情况,往车上配备"人"字形堆放架,堆放架底端应加设黑胶垫,构件吊运时应注意不能打弯外伸钢筋。装车时应先装车头部位的堆放架,再装车尾部位的堆放架,堆放架布置成"人"字形两侧对称,每架可叠放 2～4 块,墙板与墙板之间须用泡沫板隔离,以防墙板在运输途中因振动而受损(见图 4-25)。

图 4-25 预制墙板运输

使用龙门吊吊运装车,预制墙板采用立式运输方式。在低底盘平板车上按照专用运输架,墙板对称靠放或者插放在运输架上。采用靠放架立式运输时,靠放架斜面与水平夹角宜为 75°～80°,构件应对称靠放,每侧构件为一层。采用插放架直立运输时,应采取防止构件倾倒的措施,构件之间应设置隔离垫块。在支承垫上方放置橡胶垫,防止构件在运输过程中打滑,并用封车带将构件与架子绑在一起,防止构件移动或倾倒。

2.预制叠合板运输

①同条件养护的叠合板混凝土立方体抗压强度达到设计要求时,方可脱模、吊装、运输及堆放。

②叠合板吊装时应慢起慢落,避免与其他物体相撞。应保证起重设备的吊钩位置、吊具及构件重心在垂直方向上重合,吊索与构件水平夹角不宜小于 60°,不应小于 45°。当采用六点吊装时,应采用专用吊具,吊具应具有足够的承载能力和刚度。

③预制叠合板采用叠层平放的运输方式(见图 4-26),叠合板之间应用垫木隔离,垫木应上下对齐,垫木尺寸(长、宽、高)不宜小于 100 mm。

④叠合板两端(至板端 200 mm)及跨中位置均设置垫木且间距不大于 1.6 m。

⑤叠合板不同板号应分别码放,码放高度不宜大于 6 层。

⑥叠合板支点处绑扎牢固,防止构件移动或跳动,底板边部或与绳索接触处的混凝

土,采用衬垫加以保护。

图4-26 预制叠合板运输

使用龙门吊吊运装车,叠合板采用平层叠放运输方式。叠放标准为6层/叠,不影响质量安全可到8层/叠,堆码时按产品的尺寸大小堆叠。如堆放时采用带吊点的型钢底座,则可直接将吊索连接至底座吊点,将叠合板连同底座一同吊装至运输车上,用绳索将叠合板固定。

3.预制楼梯运输

①预制楼梯采用叠合平放方式运输(见图4-27),预制楼梯之间用垫木隔离,垫木应上下对齐,垫木尺寸(长、宽、高)不宜小于100 mm,最下面一根垫木应通长设置。

图4-27 预制楼梯运输

②不同型号的预制楼梯应分别码放,码放高度不宜超过5层。

③预制楼梯间绑扎牢固,防止构件移动,楼梯边部或与绳索接触处的混凝土,采用衬垫加以保护。

使用龙门吊吊运装车,楼梯采用平层叠放运输方式;楼梯与楼梯间放置方木支垫,垫块上下要对齐,防止构件变形开裂,楼梯的叠放不超过 6 层/叠。如堆放时采用带吊点的型钢底座,则可直接将吊索连接至底座吊点,将楼梯连同底座一同吊装至运输车上,用封车带将构件与车体绑在一起,防止构件移动。

4. 预制阳台板运输

①预制阳台板运输时,底部采用木方作为支撑物,支撑应牢固,不得松动。

②预制阳台板封边高度为 800 mm、1200 mm 时,宜采用单层放置。

③预制阳台板运输时,应采取防止构件损坏的措施,防止构件移动、倾倒、变形等。

三、厂内转运

预制构件厂内转运是指预制构件从生产车间运至厂内堆场存放的过程。

(一)基本要求

①运输道路必须平整坚实,并有足够的宽度和转弯半径。

②设计无要求时,运输时一般构件混凝土强度不应低于设计强度的 70%,屋架和薄壁构件应达到设计强度的 100%。

③预制构件的支点和装卸车时的吊点,无论运输或卸车堆放,都应按设计要求确定。运输或存放的构件下部均应放置垫木,每层垫木应在同一条垂直线上,且厚度相等。

④构件在运输时必须有固定措施,以防在运输途中倾倒,或在道路转弯时被甩出。对于重心较高、支承面较窄的构件,应用支架固定。

⑤根据路面情况掌握行车速度,道路转弯处必须降低车速。

⑥根据构件质量、尺寸和类型,选择合适的运输车辆和装卸机械。

⑦对于不容易调头以及自重较大的长构件,应根据其安装方向确定装车方向,以利于卸车就位。

⑧构件进场应按构件吊装平面布置图所示位置堆放,避免二次倒运。

(二)厂内转运流程和运输方法

1. 工作流程

构件厂内转运工作流程:运输方法选择→配备机具、运输车辆→清点需转运构件并检查→填写构件转运记录单→转运→堆场存放→构件转运记录单存档。

2. 运输方法选择

考虑铺筑轨道连接车间和堆场,利用轨道小车实现车间与堆场之间的转运。如没有条件铺筑轨道,可根据构件的形状、质量,车间布置,装卸车现场及运输道路的情况,选择平板车(见图 4-28)、叉车(见图 4-29)、大型运输车等作为运输工具,确保与实际情况相符。

(三)配备机具、运输车辆

需要配备的机具主要有桁车、龙门吊、汽车吊、钢丝绳、鸭嘴扣及卡环等,根据现场构件及环境的实际情况选择合适的运输车辆。

(四)清点需转运构件并检查构件质量

根据生产日报清点需转运构件,检查构件质量,并详细记录在册。

图4-28　厂内运输平板车

图4-29　厂内运输叉车

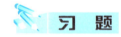

一、填空题

1. 构件平层叠放标准为＿＿＿层/叠,不影响质量安全可到＿＿＿层。

2. 预制构件应分类存放,不同类型构件之间应留有不少于＿＿＿＿＿m的人行通道。

3. 对于宽度不大于＿＿＿＿＿mm的构件,宜采用通长垫木。

4. 预制构件的断面高宽比大于＿＿＿＿＿时,堆放时下部应加支撑或有坚固的堆放架。

5. 预制叠合板采用叠层平放的方式运输时,叠合板之间用＿＿＿＿＿隔离。

6. 预制墙板运输时,墙板与墙板之间须用＿＿＿＿＿隔离,以防墙板在运输途中因振动而受损。

7. 合理运输半径为合理运输距离的＿＿＿＿＿较为合理。

二、简述题

1. 预制构件的标识常见的有哪几种,各自的特点是什么?

2. 简述预制构件厂内转运的工作流程。

3. 简述不同类型预制构件的运输方式。

4. 简述 RFID 技术在预制构件生产全流程中的应用。

项目四习题答案

项目五 PC 构件质量检查与验收

素质目标
1. 培养学生立足岗位,服务祖国建设的家国情怀;
2. 培养学生自主学习、独立思考、严谨细致的学习习惯;
3. 培养学生严谨细致、遵规守法、爱岗敬业、安全操作、团结协作的职业素养。

知识目标
1. 熟悉预制构件生产的模具、钢筋、混凝土等几个方面的质量验收要求、质量缺陷等级判定标准、划分方法;
2. 掌握构件制作允许偏差及使用规定。

能力目标
1. 掌握预制构件的质量验收要求及规定,能够通过使用检验标准及规范来判定构件缺陷所在部位、严重程度等;
2. 掌握预制构件生产工序质量验收表的填写;
3. 能判断外观质量缺陷等级。

任务一 工序质量检查与验收

一、模板检查与验收

(一)模具应具有足够的强度、刚度和整体稳固性

模具应符合下列规定:

①模具应装拆方便,应满足预制构件质量、生产工艺和周转次数等要求。

②结构造型复杂、外型有特殊要求的模具应制作样板,经检验合格后方可批量制作。

③模具各部件之间应连接牢固,接缝应紧密,附带的埋件或工装应定位准确,安装牢固。

④用作底模的台座、脱模、地坪及铺设的底板等应平整光洁,不得下沉、裂缝、起砂和起鼓。

⑤模具应保持清洁,涂刷脱模剂、表面缓凝剂时应均匀、无漏刷、无堆积,且不得沾污

钢筋,不得影响预制构件外观质量。

⑥应定期检查侧模、预埋件和预留孔洞定位措施的有效性;应采取防止模具变形和锈蚀的措施;重新启用的磨具应检验合格后方可使用。

⑦模具与模台间的螺栓、定位销、磁盒等固定应可靠,以防止混凝土振捣成型时模具偏移和漏浆。

(二)模具组装前的检查

根据生产计划合理加工和选取模具,所有模具必须清理干净,不得存有铁锈、油污及混凝土残渣。对于变形量超过规定要求的模具一律不得使用,使用中的模板应当定期检查,并做好检查记录。

除设计有特殊要求外,预制构件模具尺寸允许偏差和检验方法应符合表 5-1 的规定。

表 5-1　预制构件模具尺寸允许偏差及检验方法

项次	检验项目及内容		允许偏差/mm	检验方法
1	长度	≤6 m	1,-2	用钢尺量平行构件高度方向,取其中偏差绝对值较大处
		>6 m 且≤12 m	2,-4	
		>12 m	3,-5	
2	截面尺寸	墙板	1,-2	用钢尺测量两端或中部,取其中偏差绝对值较大处
3		其他构件	2,-4	
4	对角线差		3	用钢尺量纵、横两个方向对角线
5	侧向弯曲		$L/1500$ 且≤5	拉线,用钢尺量测侧向弯曲最大处
6	翘曲		$L/1500$	对角拉线测量交点间距离值的两倍
7	底模表面平整度		2	用 2 m 靠尺和塞尺量
8	组装缝隙		1	用塞卡或塞尺量
9	端模与侧模高低差		1	用钢尺量

注:L 为模具与混凝土接触面中最长边的尺寸。

(三)刷隔离剂

确保所用的隔离剂在有效使用期内,隔离剂必须涂刷均匀。

(四)模具组装、检查

组装模具前,应在模具拼接处,粘贴双面胶,或者在组装后打密封胶,防止在混凝土浇筑振捣过程中漏浆。侧模与底模、顶模与侧模组装后必须在同一平面内,不得出现错台。

组装后校对模具内的几何尺寸,并拉对角校核,然后使用磁力盒或螺丝进行紧固。使用磁力盒固定模具时,一定要将磁力盒底部杂物清除干净,且必须将螺丝有效地压到模具上。

模具组装允许偏差及检验方法见表 5-2。

表 5-2　模具组装允许偏差及检验方法

检验项目及内容			允许偏差/mm	检验方法
长度	≤6 m		1,−2	用钢尺量平行构件高度方向,取其中偏差绝对值较大处
	>6 m 且 ≤12 m		2,−4	
	>12 m		3,−5	
截面尺寸	墙,板	宽	1,−2	用钢尺测量两端或中部,取其中偏差绝对值较大处
		厚	0,−2	
	其他构件		2,−4	
对角线差			3	用钢尺量纵、横两个方向的对角线
底模表面平整度			2	用 2 m 靠尺和塞尺量
端模与侧模高低差			1	用塞片和塞尺量
组装缝隙			1	用塞片和塞尺量
侧向弯曲			L/1500 且 ≤5	拉线,用钢尺量测侧向弯曲最大处
翘曲			L/1500	对角拉线测量交点间距离值的两倍

注:L 为模具与混凝土接触面中最长边的尺寸。

二、钢筋及钢筋接头检查与验收

(一)钢筋加工前应检查

①钢筋应无有害的表面缺陷,按盘卷交货的钢筋应将头尾有缺陷部分切除。

②直条钢筋的弯曲度不得影响正常使用,每米弯曲度不应大于 4 mm,总弯曲度不大于钢筋总长度的 0.4%。钢筋的端部应平齐,不影响连接器的通过。

③钢筋表面应无横向裂纹、结疤和折痕,允许有不影响钢筋力学性能的其他缺陷。

④弯心直径弯曲 180°后,钢筋受弯曲部位表面不得产生裂纹。

⑤钢筋原材质量符合《混凝土结构工程施工质量验收规范》(GB 50204)的要求。

(二)钢筋加工成型后检查

①钢筋下料必须严格按照设计及下料单要求制作,制作过程中应当定期、定量检查。对于不符合设计要求及超过允许偏差的一律不得绑扎,按废料处理。钢筋加工的允许偏差见表 5-3。

表 5-3　钢筋加工的允许偏差

项目	允许偏差/mm
受力钢筋顺畅度方向全长度的净尺寸	±10
弯起钢筋的弯折位置	±20
箍筋内径净尺寸	±5

②纵向钢筋(带灌浆套筒)及需要套丝的钢筋,不得使用切断机下料,必须保证钢筋两端平整,套丝长度、丝距及角度必须严格满足设计图纸要求,纵向钢筋及梁底部纵筋(直螺纹套筒连接)套丝应符合规范要求。

套丝机应当指定专人且有经验的工人操作,质检人员不定期进行抽检。

(三)钢筋丝头加工质量检查

钢筋丝头加工质量检查的内容包括:

①钢筋端平头:平头的目的是让钢筋端面与母材轴线方向垂直,采用砂轮切割机或其他专用切断设备,严禁采用气焊切割。

②钢筋螺纹加工:使用钢筋滚压直螺纹机将待连接钢筋的端头加工成螺纹。

加工丝头时,应采用水溶性切削液,当气温低于 0 ℃时,应掺入 15% ~ 20% 亚硝酸钠。严禁用机油作切削液或不加切削液加工丝头。

③丝头加工长度为标准型套筒长度的 1/2,其公差为+2P(P 为螺距)。

④丝头质量检验:操作工人应按要求检查丝头的加工质量,每加工 10 个丝头用通环规、止环规检查一次。

⑤经自检合格的丝头,应通知质量员随机抽样进行检验,以一个工作班内生产的丝头为一个验收批,随机抽检 10%,且不得少于 10 个,并填写钢筋丝头检验记录表。当合格率小于 95% 时,应加倍抽检,复检总合格率仍小于 95% 时,应对全部钢筋丝头逐个进行检验,切去不合格丝头,查明原因并解决后重新加工螺纹。

(四)钢筋绑扎质量检查

①尺寸、弯折角度不符合设计要求的钢筋不得绑扎。

②钢筋安装绑扎的允许偏差及检验方法见表5-4。

表 5-4　钢筋安装绑扎的允许偏差及检验方法

项目		允许偏差/mm	检验方法
绑扎钢筋网	长、宽	±5	钢尺检查
	网眼尺寸	±10	钢尺量连续三档,取最大值
焊接钢筋网	长、宽	±5	钢尺检查
	网眼尺寸	±10	钢尺检查
	对角线差	5	钢尺或测距仪测量两个对角线
	端头不齐	5	钢尺检查
钢筋骨架 (桁架筋)	长	±10	钢尺检查
	宽	±5	钢尺检查
	高	0,-5	钢尺检查
	主筋间距	±10	钢尺量连续三档,取最大值
	主筋排距	±5	钢尺量连续三档,取最大值
	弯起点位移	15	钢尺检查
	箍筋间距	±10	钢尺量连续三档,取最大值
	端头不齐	5	钢尺检查

注:1. 检查预埋件中心线位置时,应沿纵、横两个方向进行量测,并取其中的最大值。

2. 表中梁类、板类构件上部纵向受力钢筋保护层厚度的合格点率应达到 90% 及以上,且不得有超过表中数值 1.5 倍的尺寸偏差。

(五)焊接接头机械性能试验取样

1. 取样相关规定

①试件的截取方位应符合相关规范或标准的规定。

②试件材料、焊接材料、焊接条件以及焊前预热和焊后热处理,均应与相关标准、规范相符,或者符合有关试验条件的规定。

③试件尺寸应根据样坯尺寸、数量、切口宽度、加工余量以及不能利用的区段(如电弧焊的引弧和收弧)予以综合考虑。不能利用的区段的长度与试件的厚度和焊接工艺有关,但不得小于 25 mm(如用引弧板、收弧板及管件焊接例外)。

④从试件上截取样坯时,如相关标准或产品制造规范无另外注明时,允许矫直样坯。

⑤试件的角度偏差或错边,应符合相关标准或规范要求。

⑥试件标记,必须清晰,其标记部位应在受试部分之外。

2. 钢筋焊接接头的力学性能试验的取样

钢筋焊接骨架和焊接网力学性能检验,按下列规定抽取试件:

①凡钢筋牌号、直径及尺寸相同的焊接骨架和焊接网,应视为同一类型制品且每 300 件作为一批,一周内不足 300 件的亦应按一批计算。

②力学性能检验的试件,应从每批成品中切取。切取过试件的制品,应补焊同牌号、同直径的钢筋,其每边搭接长度不应小于 2 个孔格的长度。

当焊接骨架所切取试件的尺寸小于规定的试件尺寸,或受力钢筋直径大于 8 mm 时,可在生产过程中制作模拟焊接试验网片,从中切取试件检验。

③由几种直径钢筋组合的焊接骨架或焊接网,应对每种组合的焊点做力学性能检测。

④热轧钢筋的焊点应做剪切试验,试件应为 3 件。冷轧带肋钢筋焊点除做剪切试验外,尚应对纵向和横向冷轧带肋钢筋做拉伸试验,试件应各为 1 件。剪切试件纵筋长度应大于或等于 290 mm,横筋长度应大于或等于 50 mm;拉伸试件纵筋长度应大于或等于 300 mm。

⑤焊接网剪切试件应沿同一横向钢筋随机切取。

⑥切取剪切试件时,应使制品中的纵向钢筋成为试件的受拉钢筋。

3. 钢筋闪光对焊接头

闪光对焊接头的力学性能检验,按下列规定:

①在同一台班内,由同一焊工完成的 300 个同牌号、同直径钢筋焊接接头应作为一个检验批。当同一台班内焊接的接头数量较少,可在一周之内累计计算。累计仍不足 300 个接头时,应按一批计算。

②力学性能检验时,应从每批接头中随机切取 6 个接头,其中 3 个做拉伸试验,3 个做弯曲试验。

③焊接等长的预应力钢筋(含螺丝端杆与钢筋)时,可按生产时同等条件制作模拟试件。

④螺丝端杆接头可只做拉伸试验。

⑤封闭环式箍筋闪光对焊接头,以 600 个同牌号、同规格的接头为一批,只做拉伸试验。

⑥当模拟试件试验结果不符合要求时,应进行复验。复验应从现场焊接接头中切取,其数量和要求与初始试验相同。

4.钢筋电弧焊接头

电弧焊接头力学性能检验,按下列规定作为一个检验批:

①在现浇混凝土结构中,应以 300 个同牌号钢筋、同型式接头作为一批。数量不超过 300 时,以全部同牌号钢筋、同型式接头作为一批。每批随机切取 3 个接头,做拉伸试验。

②在装配式结构中,可按生产条件制作模拟试件,每批 3 个,做拉伸试验。

③钢筋与钢板电弧搭接焊接头可只进行外观检查。

在同一批中若有几种不同直径的钢筋焊接接头,应在最大直径钢筋接头中切取 3 个试件。

当模拟试件试验结果不符合要求时,应进行复验。复验应从现场焊接接头中切取,其数量和要求与初始试验时相同。

三、混凝土制备检测

(一)混凝土要求

①混凝土配合比宜有必要的技术说明,包括生产时的调整要求。

②混凝土中氯化物和碱总含量应符合现行国家标准《混凝土结构设计标准》(GB/T 50010)的相关规定和设计要求。

③混凝土中不得掺加对钢材有锈蚀作用的外加剂。

④预制构件混凝土强度等级不宜低于 C30,预应力混凝土构件的混凝土强度等级不宜低于 C40,且不应低于 C30。

(二)混凝土坍落度检测

坍落度的测试方法:用一个上口直径 100 mm、下口直径 200 mm、高 300 mm 喇叭状的坍落度桶,使用前用水湿润,分两次灌入混凝土后捣实,然后垂直拔起桶,混凝土因自重产生沉落现象,用桶高(300 mm)减去坍落后混凝土最高点的高度,称为坍落度。

混凝土的坍落度,应根据预制构件的结构断面、钢筋含量、运输距离、浇筑方法、运输方式、振捣能力和气候等条件决定。

在选定配合比时应综合考虑,并宜采用较小的坍落度为宜。

(三)混凝土强度检验

混凝土强度检验时,每100盘,但不超过100 m³的同配比混凝土,取样不少于一次;不足 100 盘和 100 m³ 的混凝土取样不少于一次。当同配比的混凝土超过 1000 m³ 时,每 200 m³ 取样不少于一次。每次取样应至少留置一组标准养护试件,同条件养护试件的留置组数应根据实际需要确定。

四、预埋件与预留洞口检查与验收

(一)预埋件加工与制作

预埋件的材料、品种应符合构件制作图中的要求。

各种预埋件进场前要求供应商出具合格证和出厂检验报告,并对产品外观、尺寸、强度、防火性能、耐高温性能等指标进行检验。预埋件加工允许偏差见表5-5。

表5-5　预埋件加工允许偏差

项次	检验项目及内容		允许偏差/mm	检验方法
1	预埋钢板的边长		0,-5	用钢尺量
2	预埋钢板的平整度		1	用直尺与塞尺量
3	钢筋	长度	10,-5	用钢尺量
		间距偏差	±10	用钢尺量

(二)模具预留孔洞中心位置

模具预留孔洞中心位置的允许偏差见表5-6。

表5-6　模具预留孔洞中心位置的允许偏差

项次	检验项目及内容	允许偏差/mm	检验方法
1	预埋件、插筋、预留孔洞的中心线位置	3	用钢尺量
2	预埋螺栓、螺母中心线位置	2	用钢尺量
3	灌浆套筒中心线位置	3	用钢尺量

注:检查中心线位置时,沿纵、横两个方向测量,并取最大值。

(三)预埋件检验

连接套筒、连接件、预埋件、预留孔洞的安装检验连接套筒等所有预埋件准确定位并固定后,需对其安装位置进行检查和验收。

预埋件和预留孔洞的允许偏差见表5-7。

表5-7　预埋件和预留孔洞的允许偏差

项目		允许偏差/mm	检验方法
钢筋连接套筒	中心线位置	±3	钢尺检查
	安装垂直度	1/40	拉水平线、竖直线测量两端差值且满足连接套筒施工误差要求
	套筒内部、注入、排出口的堵塞		目视

续表 5-7

项目		允许偏差/mm	检验方法
预埋件 (插筋、螺栓、吊具等)	中心线位置	±5	钢尺检查
	外露长度	+5,0	钢尺检查且满足连接套筒施工误差要求
	安装垂直度	1/40	拉水平线、竖直线测量两端差值，满足施工误差要求
连接件	中心线位置	±3	钢尺检查
	安装垂直度	1/40	拉水平线、竖直线测量两端差值且满足连接套筒施工误差要求
预留洞口	中心线位置	±5	钢尺检查
	尺寸	+8,0	钢尺检查
其他需要安装的构件	安装状况:种类、数量位置、固定状况		与构件制作图对照及目视

五、装饰装修材料检查与验收

墙板外装饰面砖检查,构件外装饰允许偏差见表 5-8。

表 5-8　墙板外装饰面砖检查,构件外装饰允许偏差

外装饰种类	项目	允许偏差/mm	检验方法
通用	表面平整度	2	2 m 靠尺与塞尺检查
石材与面砖	阳角方正	2	拖线板检查
	上口平直	2	拉通线用钢尺检查
	接缝平直	3	用钢尺或塞尺检查
	接缝深度	±5	
	接缝宽度	±2	用钢尺检查

注:当采用计数检验时,除有专门要求外,合格点应达到 80% 及以上,且不得有严重缺陷,可以评定为合格。

任务二　成品质量检查与验收

装配式混凝土结构工程应按混凝土结构子分部工程进行验收,当主体结构中部分采用现浇混凝土结构时,其装配式结构部分应作为混凝土结构子分部工程的分项工程进行验收。

预制构件采用焊接、螺栓连接、机械连接、钢筋套筒灌浆连接时,连接施工前应进行连接工艺检验,竖向叠合构件的现浇混凝土施工前应进行浇筑工艺检验。

预制构件的外观质量缺陷应根据其对结构性能、安装和使用功能影响的严重程度划分为严重缺陷和一般缺陷(表 5-9)。

表 5-9　预制构件外观质量缺陷分类

名称	现象	严重缺陷	一般缺陷
露筋	构件内钢筋未被混凝土包裹而外露	纵向受力钢筋有露筋	其他钢筋有少量露筋
蜂窝	混凝土表面缺少水泥砂浆而形成石子外露	构件主要受力部位有蜂窝	其他部位有少量蜂窝
孔洞	混凝土中孔穴深度和长度均超过保护层厚度	构件主要受力部位有孔洞	其他部位有少量孔洞
夹渣	混凝土中夹有杂物且深度超过保护层厚度	构件主要受力部位有夹渣	其他部位有少量夹渣
疏松	混凝土中局部不密实	构件主要受力部位有疏松	其他部位有少量疏松
裂缝	缝隙从混凝土表面延伸至混凝土内部	构件主要受力部位有影响结构性能或使用功能的裂缝	其他部位有少量不影响结构性能或使用功能的裂缝
连接部位缺陷	构件连接处混凝土有缺陷或连接钢筋、连接件松动,插筋严重锈蚀、弯曲,灌浆套筒堵塞、偏位,灌浆孔道堵塞、偏位、破损等缺陷	连接部位有影响结构传力性能的缺陷	连接部位有基本不影响结构传力性能的缺陷
外形缺陷	缺棱掉角、棱角不直、翘曲不平、飞边凸肋等,装饰面黏结不牢、表面不平、接缝不顺直等	混凝土构件有影响使用功能的外形缺陷 清水或带装饰面的混凝土构件有影响使用功能或装饰效果的外形缺陷	混凝土构件有不影响使用功能的外形缺陷 清水或带装饰面的混凝土构件有不影响使用功能或装饰效果的外形缺陷
外表缺陷	构件表面麻面、掉皮、起砂、沾污等	具有重要装饰效果的清水混凝土构件有外表缺陷	其他混凝土构件有不影响使用功能的外表缺陷

一、预制构件的进场验收

(一)主控项目

1)预制构件的质量应符合国家现行有关标准的规定和设计要求;安装和连接所用材料、配件以及隔震和消能减震所用产品的规格、型号和性能应符合设计要求以及国家现行有关标准的规定。

检查数量:全数检查。

检验方法:检查质量证明文件、质量验收记录和检验报告。

2）焊接、螺栓连接的产品进场验收应符合现行国家标准《钢结构工程施工质量验收标准》（GB 50205）的有关规定。

检查数量：按现行国家标准《钢结构工程施工质量验收标准》（GB 50205）的规定确定。

检验方法：观察、尺量和检查检验报告。

3）钢筋机械连接用套筒的进场验收应符合现行行业标准《钢筋机械连接技术规程》（JGJ 107）的有关规定。

检查数量：按现行行业标准《钢筋机械连接技术规程》（JGJ 107）的规定确定。

检验方法：观察、尺量和检查检验报告。

4）钢筋套筒灌浆连接采用的灌浆料与灌浆套筒应配套使用，灌浆套筒和灌浆料的进场验收应符合现行行业标准《钢筋套筒灌浆连接应用技术规程》（JGJ 355）的有关规定。

检查数量：按现行行业标准《钢筋套筒灌浆连接应用技术规程》（JGJ 355）的规定确定。

检验方法：观察、尺量和检查检验报告。

5）钢筋套筒灌浆连接用封浆料的进场验收应符合现行行业标准《钢筋套筒灌浆连接应用技术规程》（JGJ 355）的有关规定。

检查数量：按现行行业标准《钢筋套筒灌浆连接应用技术规程》（JGJ 355）的规定确定。

检验方法：检查质量证明文件和检验报告。

6）预制构件进场时，应对其主要受力钢筋的数量、规格、间距、保护层厚度及混凝土强度等进行实体检验，并由监理单位见证实施过程。检验结果应符合设计要求及国家现行有关标准的规定。

检查数量：同一厂家、同一钢种、同一混凝土强度等级、同一生产工艺和同一结构形式的预制构件，不超过 100 个为一检验批，每批应抽取构件数量的 5%，且不应少于 3 个；对于薄壁类预制构件，是否需要检测混凝土实体强度，可通过制定抽样检验方案确定。

检验方法：检查检验报告。

7）清水混凝土预制构件不应有外观质量缺陷；其他预制构件的外观质量不应有严重缺陷，且不应有影响结构性能和安装、使用功能的尺寸偏差。

检查数量：全数检查。

检验方法：观察、尺量；检查处理记录。

8）预制构件上的预留连接钢筋、预埋件、预埋管线等的规格和数量以及预留孔、预留洞的数量应符合设计要求。

检查数量：全数检查。

检验方法：观察。

9）带保温的预制构件所用保温材料类别、厚度以及外露保温拉结件的类型、数量、锚固位置应符合设计和现行有关标准的规定。

检查数量：全数检查。

检验方法：观察、尺量。

10）预制构件表面预贴饰面砖、石材等饰面与混凝土的黏结质量应符合设计要求和国家现行有关标准的规定。

检查数量：同一工艺生产的预制构件，不超过 1000 个为一批，每批随机抽检 3 个构件，每个构件选取 3 处。

检验方法：检查检验报告。

11）预制构件的键槽数量和粗糙面质量应符合设计要求；预制构件内钢筋连接套筒内壁或浆锚搭接预留孔道内壁应清洁、干燥；叠合构件结合面的外观质量应符合设计要求和国家现行有关标准的规定。

检查数量：全数检查。

检验方法：观察。

12）预埋吊件应进行明显标识，并应符合下列规定：

①由圆钢制作的预埋吊件，其所用圆钢的直径、牌号、外观质量和力学性能应满足设计要求和现行有关标准的规定；

②非圆钢制作的成品预埋吊件，其锚固抗拔承载力应满足设计要求和现行有关标准的规定。

检查数量：由圆钢制作的预埋吊件全数检查；非圆钢制作的成品预埋吊件，规格型号相同、锚固条件基本相同的同一类型预制构件，不超过 100 个为一检验批，每批应抽查构件数量的 3%，且不应少于 2 个构件，每个构件抽取 1 个吊件。

检验方法：观察、尺量；检查检验报告。

13）预制构件的防火性能应符合现行国家标准《建筑设计防火规范》（GB 50016）和《建筑防火通用规范》（GB 55037）的有关规定。

检查数量：全数检查。

检验方法：检查质量证明文件或检验报告。

（二）一般项目

1）预制构件应有二维码或其他可有效溯源的标识，标识宜包括生产单位、项目名称、规格型号、生产日期、安装部位、质量合格标志或产品认证标志。

检查数量：全数检查。

检验方法：观察或扫码检查。

2）预制构件的外观质量不应有一般缺陷，对出现的一般缺陷应按技术处理方案进行处理，并应重新检查验收。

检查数量：全数检查。

检验方法：观察检查；检查技术处理方案和处理记录。

3）预制构件表面预贴饰面砖、石材等饰面及装饰混凝土饰面的外观质量应符合设计要求和国家现行有关标准的规定。

检查数量：全数检查。

检验方法：观察或敲击检查；与样板比对。

4）预制构件尺寸允许偏差及检验方法应符合规定；设计有专门规定时，尚应符合设计要求；当预制构件外形尺寸特殊时，可由有关各方根据预制构件实际几何形状协商确定尺寸偏差的项目、允许偏差值及检验方法。施工过程中临时使用的预埋部件，其中心线位置允许偏差可适当放宽，但不应大于规定限值的 2 倍。

检查数量：同一类型的构件，不超过 1000 个为一批，每批应抽查构件数量的 5%，且不应少于 3 个。

构件尺寸允许偏差及检验方法见表 5-10～表 5-13。预制构件表面预贴饰面尺寸允许偏差及检验方法见表 5-14。

表 5-10　预制板类构件尺寸允许偏差及检验方法

项目		允许偏差/mm	检验方法
长度、宽度	<6 m	±3	用尺量两端及中部，取其中偏差绝对值的较大值
	≥6 m 且<12 m	±5	
	≥12 m 且<18 m	±10	
	≥18 m	±15	
密拼板宽度		−4,0	
厚度		±5	用尺量四角及四边中部位置共 8 处，取其中偏差绝对值的较大值
肋（肋梁）净间距		±3	用尺量相邻肋（肋梁）净间距的两端及中部，取其中偏差绝对值的较大值
对角线差		6	在构件表面，用尺量两个对角线的长度，取其差值的绝对值
表面平整度	内表面	4	用 2 m 靠尺安放在构件表面，用楔形塞尺量测靠尺与表面之间的最大缝隙
	外表面	3	
侧向弯曲		$L/750$ 且≤20	拉线，用尺量最大弯曲处
翘曲		$L/750$	四对角拉两条线，用尺量两线交点之间的距离，其值的 2 倍为翘曲值
跨中预应力反拱	<12 m	0,+5	拉线，用尺量最大反拱处
	≥12 m 且<18 m	0,+10	
	≥18 m	0,+15	

续表 5-10

项目			允许偏差/mm	检验方法
预埋部件	预埋钢板	中心线位置	5	用尺量纵、横两个方向的中心线位置,取其中偏差较大值
		平面高差	-5,0	用尺紧靠预埋钢板,用楔形塞尺量测预埋钢板平面与构件混凝土表面的最大缝隙
		尺寸	±5	用尺量两端及中部,取其中偏差绝对值的较大值
	预埋吊环	中心线位置	10	用尺量纵、横两个方向的中心线位置,取其中偏差较大值
		留出高度	-10,0	用尺量
	预埋螺栓	中心线位置	2	用尺量纵、横两个方向的中心线位置,取其中偏差较大值
		外露长度	-5,+10	用尺量
	预埋螺母、套筒	中心线位置	2	用尺量纵、横两个方向的中心线位置,取其中偏差较大值
		平面高差	-5,0	用尺紧靠预埋钢板,用楔形塞尺量测预埋钢板平面与构件混凝土表面的最大缝隙
	预埋槽道	中心线位置	5	用尺量纵、横两个方向的中心线位置,取其中偏差较大值
		平面高差	-5,0	用尺紧靠预埋钢板,用楔形塞尺量测预埋钢板平面与构件混凝土表面的最大缝隙
		尺寸	±5	用尺量两端及中部,取其中偏差绝对值的较大值
	预埋线盒、电盒	中心线位置	10	用尺量纵、横两个方向的中心线位置,取其中偏差较大值
		与构件表面混凝土高差	-5,0	用尺量
	预埋钢制企口	中心线位置	5	用尺量纵、横两个方向的中心线位置,取其中偏差较大值
		尺寸	±5	用尺量

续表 5-10

项目		允许偏差/mm	检验方法
预留孔、洞、凹槽	中心线位置	5	用尺量纵、横两个方向的中心线位置,取其中偏差较大值
	尺寸	±5	用尺量纵、横两个方向的尺寸,取其中偏差绝对值的较大值
预留连接钢筋	中心线位置	3	用尺量纵、横两个方向的中心线位置,取其中偏差较大值
	外露长度	±5	用尺量
	弯折角度	±5°	用量角仪量测
	保护层厚度	±5	用钢筋保护层厚度测量仪量测
钢筋桁架	上弦筋中心线位置	5	用尺量纵、横两个方向的中心线位置,取其中偏差较大值
	上弦筋留出高度	0,+5	用尺量
	节间距	±3	用尺量

注:L 为构件长度,单位为 mm。

表 5-11　预制墙类构件尺寸允许偏差及检验方法

项目		允许偏差/mm	检验方法
宽度、高度		±4	用尺量两端及中部,取其中偏差绝对值的较大值
厚度		±3	用尺量四角及四边中部位置共 8 处,取其中偏差绝对值的较大值
对角线差		5	在构件表面,用尺量两个对角线的长度,取其差值的绝对值
表面平整度	内表面	4	用 2 m 靠尺安放在构件表面,用楔形塞尺量测靠尺与表面之间的最大缝隙
	外表面	3	
侧向弯曲		L/1000 且≤20	拉线,用尺量最大弯曲处
翘曲		L/1000	四对角拉两条线,用尺量两线交点之间的距离,其值的 2 倍为翘曲值
门窗口	中心线位置	3	用尺量纵、横两个方向的中心线位置,取其中偏差较大值
	尺寸	±4	用尺量两端及中部,取其中偏差绝对值的较大值
	对角线差	4	用尺量门窗口两个对角线的长度,取其差值的绝对值

续表 5-11

项目			允许偏差/mm	检验方法
预埋部件	预埋钢板	中心线位置	5	用尺量纵、横两个方向的中心线位置,取其中偏差较大值
		平面高差	−5,0	用尺紧靠预埋钢板,用楔形塞尺量测预埋钢板平面与构件混凝土表面的最大缝隙
		尺寸	±5	用尺量两端及中部,取其中偏差绝对值的较大值
	预埋吊环、木砖	中心线位置	10	用尺量纵、横两个方向的中心线位置,取其中偏差较大值
		留出高度	−10,0	用尺量
	预埋螺栓	中心线位置	2	用尺量纵、横两个方向的中心线位置,取其中偏差较大值
		外露长度	−5,+10	用尺量
	预埋螺母、套筒	中心线位置	2	用尺量纵、横两个方向的中心线位置,取其中偏差较大值
		平面高差	−5,0	用尺紧靠预埋钢板,用楔形塞尺量测预埋钢板平面与构件混凝土表面的最大缝隙
	预埋线盒、电盒	中心线位置	10	用尺量纵、横两个方向的中心线位置,取其中偏差较大值
		与构件表面混凝土高差	−5,0	用尺量
	预埋管线	中心线位置	2	用尺量纵、横两个方向的中心线位置,取其中偏差较大值
		留出长度	±5	用尺量
预留孔、洞、凹槽		中心线位置	5	用尺量纵、横两个方向的中心线位置,取其中偏差较大值
		尺寸	±5	用尺量纵、横两个方向的尺寸,取其中偏差绝对值的较大值

续表 5-11

项目		允许偏差/mm	检验方法
预留水平分布连接钢筋	中心线位置	3	用尺量纵、横两个方向的中心线位置,取其中偏差较大值
	外露长度	±5	用尺量
	弯折角度	±5°	用量角仪量测
	保护层厚度	±5	用钢筋保护层厚度测量仪量测
灌浆套筒及其连接钢筋	灌浆套筒中心线位置	2	用尺量纵、横两个方向的中心线位置,取其中偏差较大值
	连接钢筋中心线位置	2	用尺量纵、横两个方向的中心线位置,取其中偏差较大值
	连接钢筋外露长度	0,+10	用尺量
钢筋浆锚搭接连接预埋管道及其连接钢筋	预埋管道中心线位置	3	用尺量纵、横两个方向的中心线位置,取其中偏差较大值
	连接钢筋中心线位置	3	用尺量纵、横两个方向的中心线位置,取其中偏差较大值
	连接钢筋外露长度	0,+10	用尺量
机械连接套筒及其连接钢筋	机械连接套筒中心线位置	2	用尺量纵、横两个方向的中心线位置,取其中偏差较大值
	连接钢筋中心线位置	2	用尺量纵、横两个方向的中心线位置,取其中偏差较大值
	连接钢筋外露长度	0,+10	用尺量
焊接连接钢筋	连接钢筋中心线位置	2	用尺量纵、横两个方向的中心线位置,取其中偏差较大值
	连接钢筋外露长度	0,+10	用尺量
预应力预留孔道中心线位置		3	用尺量纵、横两个方向的中心线位置,取其中偏差较大值
墙端键槽	中心线位置	5	用尺量纵、横两个方向的中心线位置,取其中偏差较大值
	长度、宽度	±5	用尺量
	深度	±5	

注:L 为构件长度,单位为 mm。

表 5-12　预制梁类构件尺寸允许偏差及检验方法

项目		允许偏差/mm	检验方法
长度	<6 m	±3	用尺量两端及中部,取其中偏差绝对值的较大值
	≥6 m 且<12 m	±5	
	≥12 m 且<18 m	±10	
	≥18 m	±15	
宽度、厚度		±5	用尺量两端及中部,取其中偏差绝对值的较大值
表面平整度		4	用 2 m 靠尺安放在构件表面,用楔形塞尺量测靠尺与表面之间的最大缝隙
侧向弯曲		L/1000 且≤20	拉线,用尺量最大弯曲处
预埋部件	预埋钢板 中心线位置	5	用尺量纵、横两个方向的中心线位置,取其中偏差较大值
	预埋钢板 平面高差	−5,0	用尺紧靠预埋钢板,用楔形塞尺量测预埋钢板平面与构件混凝土表面的最大缝隙
	预埋钢板 尺寸	±5	用尺量两端及中部,取其中偏差绝对值的较大值
	预埋吊环 中心线位置	10	用尺量纵、横两个方向的中心线位置,取其中偏差较大值
	预埋吊环 留出高度	−10,0	用尺量
	预埋螺栓 中心线位置	2	用尺量纵、横两个方向的中心线位置,取其中偏差较大值
	预埋螺栓 外露长度	−5,+10	用尺量
	预埋套筒、螺母 中心线位置	2	用尺量纵、横两个方向的中心线位置,取其中偏差较大值
	预埋套筒、螺母 平面高差	−5,0	用尺紧靠预埋钢板,用楔形塞尺量测预埋钢板平面与构件混凝土表面的最大缝隙
预留孔、洞、凹槽	中心线位置	5	用尺量纵、横两个方向的中心线位置,取其中偏差较大值
	尺寸	±5	用尺量纵、横两个方向的尺寸,取其中偏差绝对值的较大值

续表 5-12

项目		允许偏差/mm	检验方法
顶层节点区 连接钢筋	中心线位置	3	用尺量纵、横两个方向的中心线位置,取其中偏差较大值
	外露长度	±5	用尺量
	弯折角度	±5°	用量角仪量测
灌浆套筒及其 连接钢筋	灌浆套筒中心线位置	2	用尺量纵、横两个方向的中心线位置,取其中偏差较大值
	连接钢筋中心线位置	2	用尺量纵、横两个方向的中心线位置,取其中偏差较大值
	连接钢筋外露长度	0,+10	用尺量
钢筋浆锚搭接连接 预埋管道及其连接 钢筋	预埋管道中心线位置	3	用尺量纵、横两个方向的中心线位置,取其中偏差较大值
	连接钢筋中心线位置	3	用尺量纵、横两个方向的中心线位置,取其中偏差较大值
	连接钢筋外露长度	0,+10	用尺量
机械连接套筒及其 连接钢筋	机械连接套筒中心线位置	2	用尺量纵、横两个方向的中心线位置,取其中偏差较大值
	连接钢筋中心线位置	2	用尺量纵、横两个方向的中心线位置,取其中偏差较大值
	连接钢筋外露长度	0,+10	用尺量
焊接连接钢筋	连接钢筋中心线位置	2	用尺量纵、横两个方向的中心线位置,取其中偏差较大值
	连接钢筋外露长度	0,+10	用尺量
柱端键槽	中心线位置	5	用尺量纵、横两个方向的中心线位置,取其中偏差较大值
	长度、宽度	±5	用尺量
	深度	±5	

注:L 为构件长度,单位为 mm。

表 5-13　预制楼梯尺寸允许偏差及检验方法

项目			允许偏差/mm	检验方法
长度、宽度			±5	用尺量两端及中部,取其中偏差绝对值的较大值
厚度			±5	用尺量两端及中部,取其中偏差绝对值的较大值
踏步	高度		±2	用尺量两端及中部,取其中偏差绝对值的较大值
	宽度		±2	用尺量两端及中部,取其中偏差绝对值的较大值
梯梁净间距			±3	用尺量相邻肋(肋梁)净间距的两端及中部,取其中偏差绝对值的较大值
对角线差			6	在构件表面,用尺量两个对角线的长度,取其差值的绝对值
表面平整度	手工面		4	用 2 m 靠尺安放在构件表面,用楔形塞尺量测靠尺与表面之间的最大缝隙
	模板面		3	
侧向弯曲			$L/750$ 且 ≤10	拉线,用尺量最大弯曲处
翘曲			$L/750$	四对角拉两条线,用尺量两线交点之间的距离,其值的 2 倍为翘曲值
预埋部件	预埋钢板	中心线位置	5	用尺量纵、横两个方向的中心线位置,取其中偏差较大值
		平面高差	−5,0	用尺紧靠预埋钢板,用楔形塞尺量测预埋钢板平面与构件混凝土表面的最大缝隙
		尺寸	±5	用尺量两端及中部,取其中偏差绝对值的较大值
	预埋吊环	中心线位置	10	用尺量纵、横两个方向的中心线位置,取其中偏差较大值
		留出高度	−10,0	用尺量
	预埋螺栓	中心线位置	2	用尺量纵、横两个方向的中心线位置,取其中偏差较大值
		外露长度	−5,+10	用尺量
	预埋套筒、螺母	中心线位置	2	用尺量纵、横两个方向的中心线位置,取其中偏差较大值
		平面高差	−5,0	用尺紧靠预埋钢板,用楔形塞尺量测预埋钢板平面与构件混凝土表面的最大缝隙

续表5-13

项目		允许偏差/mm	检验方法
预留孔、洞	中心线位置	5	用尺量纵、横两个方向的中心线位置,取其中偏差较大值
	尺寸	±5	用尺量纵、横两个方向的尺寸,取其中偏差绝对值的较大值
防滑槽、滴水线	中心线位置	±2	用尺量纵、横两个方向的中心线位置,取其中偏差较大值
	尺寸	±2	用尺量纵、横两个方向的尺寸,取其中偏差绝对值的较大值
表面压花	深度	±2	用测深尺量测

表5-14 预制构件表面预贴饰面尺寸允许偏差及检验方法

装饰种类	项目	允许偏差/mm	检验方法
通用	表面平整度	2	用2 m靠尺和塞尺量测
面砖、石材	阳角方正	2	用直角检测尺量测
	上口平直	2	拉通线用钢尺量测
	接缝平直	3	用靠尺或塞尺量测
	接缝深度	±5	用测深尺或塞尺量测
	接缝宽度	±2	用钢尺量测

5)预制构件粗糙面尺寸应符合设计要求和国家现行有关标准的规定,粗糙面凹点深度及凹槽间距的允许偏差应符合表5-15的规定。

检查数量:粗糙面处理方式相同的同一类型构件,不超过1000个为一批,每批应抽查5个构件。

检验方法:粗糙面凹点深度可按现行行业标准《装配式住宅建筑检测技术标准》(JGJ/T 485)的规定进行检验;粗糙面凹槽相互平行时,对每个构件应随机尺量不少于3处相邻凹槽的中心间距,取最大偏差值。

表5-15 预制构件粗糙面凹点深度和凹槽间距允许偏差

项目		允许偏差/mm
水洗粗糙面	凹点深度	0,+3
拉毛粗糙面	凹点深度	0,+3
	凹槽间距	±10

续表 5-15

项目		允许偏差/mm
压痕粗糙面	凹点深度	0,+3
	凹槽间距	−20,0

二、混凝土构件的质量缺陷修复

(一)质量缺陷修复

当检查构件,发现构件表面有破损、气泡和裂缝,但并不影响构件的结构性能和使用时,要及时进行修复并做好记录。

根据构件缺陷程度的不同,分别采用不低于混凝土设计强度的专用浆料、环氧树脂、专用防水浆料等进行修补。构件成品缺陷修补方案及检测方法见表5-16。

1)针对外观质量存在严重缺陷的构件,直接判定为不合格品,不进行修复,不允许出厂使用。

2)针对外观质量有影响美观、轻微掉角、裂纹等一般缺陷的构件,应采取以下方式进行修补。

①对于掉角、碰损缺陷,应用锤子和凿子凿去松动部分,用清水将基面冲洗干净,再用专用修补砂浆修补,对于有特殊要求的部位,可用细砂纸打磨。对于大面积掉角,需分2、3次修补,不得一次修补完成,修补时,需要支模,以确保修补部位与完好处平面保持水平。

②对于构件表面气泡缺陷,用水泥及其他配料调制成与构件颜色相同的修补料进行修补,并保证修补后的外观美观。

③对于构件裂缝缺陷,修补前需除去表面的浮灰、浮浆、返碱和污垢等,然后用专用修补砂浆进行处理。

表5-16　构件成品缺陷修补方案及检测方法

项目	缺陷描述	处理方案	检测方法
破损	1.影响结构性能且不能恢复的破损	废弃	目测
	2.影响钢筋、连接件、预埋件锚固的破损	废弃	目测
	3.上述1、2以外的,破损超过20 mm	修补	目测、卡尺测量
	4.上述1、2以外的,破损在20 mm以下	现场修补	—
裂缝	1.影响结构性能且不可恢复的裂缝	废弃	目测
	2.影响钢筋、连接件、预埋件锚固的裂缝	废弃	目测
	3.裂缝宽度大于0.3 mm且裂缝长度超过300 mm	废弃	目测、卡尺测量
	4.上述1、2、3以外的,裂缝宽度超过0.2 mm	修补	目测、卡尺测量

(二)构件缺陷修补的注意事项

①构件修补材料应和基材相匹配,主要考虑颜色、强度、黏结力等因素。

②修补的表现结果应与基材不要有较大的差异,可进行适当的打磨。

③修补应在构件脱模检查,确定修复方案后立即进行,周围环境温度不要过高,最好在 30 ℃以下进行。

工厂用预制构件检查表见表 5-17 ~ 表 5-28。

表 5-17　楼板类预制构件生产质量检验记录(工厂用表)

使用项目名称			使用部位		构件类型		
生产单位(公章)			生产日期		检验数量		
构件编号							
施工及验收依据			《装配式混凝土建筑技术标准》(GB/T 51231—2016)				
项目	序号	检验内容	设计要求及规范规定	最小/实际检验数量	检验记录		检验结果
模具检查及预留预埋	1	模具清理、脱模剂刷涂	第 9.3.2 条				
	2	长度	≤6 m	1,-2			
			>6 m 且≤12 m	2,-4			
			>12 m	3,-5			
		宽度、高(厚)度/mm		2,-4			
	3	表面平整度/mm		2			
	4	模具对角线差/mm		3			
	5	侧向弯曲、翘曲/mm		L/1500 且≤5			
	6	端模与侧模高低差、组模缝隙/mm		1			
	7	水电预埋/mm	中心线位置	2			
	8	吊环/mm	中心线位置	3			
			外露长度	0,-5			
	9	插筋/mm	中心线位置	3			
			外露长度	+10,0			
	10	预留孔洞/mm	中心线位置	3			
			外露长度	+3,0			

续表 5-17

钢筋检查	1	钢筋规格、数量	符合设计规范图纸要求									
	2	钢筋网片/mm	长/宽	±5								
			网眼尺寸	±10								
			对角线	5								
	3	保护层/mm	±3									
	4	钢筋桁架/mm	长度	总长度的±0.3%,且不超过±10								
			高度	+1,-3								
成型、养护及脱模	1	隐蔽工程检查	第9.6.1条									
	2	混凝土工作性能	第9.6.2条									
	3	试块留样情况	第9.6.4条									
	4	养护	第9.6.10条									
	5	脱模起吊强度	按照规定强度进行脱模起吊									
生产单位检查结果					生产线负责人		专业质检员:					
驻厂监造单位验收结论(若无,则不填)							驻厂监造代表:					

表 5-18　钢筋工程检验批质量验收记录

单位(子单位)工程名称			分部工程名称			子分部工程名称	
总承包施工单位			项目负责人			检验批容量	
专业承(分)包单位			项目负责人			检验批部位	
施工、验收依据		《混凝土结构工程施工规范》(GB 50666—2011)、《混凝土结构工程施工质量验收规范》(GB 50204—2015)					
验收项目			设计要求及规范规定	最小/实际抽样数量	检查记录		检查结果
主控项目	1	钢筋力学性能和重量偏差检验,受力钢筋和品种、级别、规格和数量	第5.5.1条				
	2	成型钢筋力学性能和重量偏差检验	第5.2.2条				

续表 5-18

		验收项目	设计要求及规范规定	最小/实际抽样数量	检查记录							检查结果
主控项目	3	抗震用钢筋强度实测值	第5.2.3条									
	4	钢筋弯折的弯弧内直径,纵向受力钢筋的弯折,箍筋、拉筋的末端弯钩	第5.3.1条 第5.5.2条									
	5	盘卷钢筋调直后力学性能和重量偏差检验	第5.3.4条									
	6	钢筋的连接方式	第5.4.1条									
	7	机械连接和焊接接头的力学性能	第5.4.2条									
	8	机械连接螺纹接头扭矩值	第5.4.3条									
一般项目	1	钢筋外观质量	第5.2.4条									
	2	成型钢筋外观质量和尺寸偏差	第5.2.5条									
	3	钢筋机械连接套筒、锚固板及预埋件等外观质量	第5.2.6条									
	4	钢筋加工的形状、尺寸 受力钢筋沿长度方向的净尺寸	±10 mm									
		弯起钢筋的弯折位置	±20 mm									
		箍筋外廓尺寸	±5 mm									
	5	接头位置和数量	第5.4.4条									
	6	机械连接和焊接的外观质量	第5.4.5条									
	7	机械连接和焊接的接头面积百分率	第5.4.6条									
	8	绑扎搭接接头面积百分率和搭接长度	第5.4.7条									
	9	搭接长度范围内的箍筋	第5.4.8条									
	10	绑扎钢筋网/mm 长、宽	±10									
		网眼尺寸	±20									
	11	绑扎钢筋骨架/mm 长	±10									
		宽、高	±5									

续表 5-18

验收项目			设计要求及规范规定	最小√实际抽样数量	检查记录	检查结果
一般项目	12	纵向受力钢筋/mm	锚固长度	-20			
			间距	±10			
			排距	±5			
		纵向受力钢筋、箍筋的混凝土保护层厚度/mm	基础	±10			
			柱、梁	±5			
			板、墙、壳	±3			
	13	绑扎箍筋、横向钢筋间距/mm		±20			
	14	钢筋弯起点位置/mm		20			
	15	预埋件/mm	中心线位置	5			
			水平高差	+3,0			
钢筋隐蔽	1	浇筑混凝土之前,应进行隐蔽工程验收		第5.1.1条			
施工单位检查结果					质量员: 　　年　月　日		

表 5-19　墙板类预制构件生产质量检验记录(工厂用表)

使用项目名称			使用部位		构件类型		
生产单位(公章)			生产日期		检验数量		
构件编号							
施工、验收依据			《装配式混凝土建筑技术标准》(GB/T 51231—2016)				
项目	序号	检验内容	设计要求及规范规定	最小√实际检验数量	检验记录		检验结果
模具检查及预留预埋	1	模具清理、脱模油刷涂	第9.3.2条	/			
	2	长度/mm	≤6 m	1,-2			
			>6 m 且 ≤12 m	2,-4			
			>12 m	3,-5			
	3	宽度、高(厚)度/mm		1,-2			
		表面平整度/mm		2			
	4	模具对角线差/mm		3			
	5	侧向弯曲、翘曲/mm	L/1500 且 ≤5				
	6	端模与侧模高低差、组模缝隙/mm		1			

续表 5-19

项目	序号	检验内容	设计要求及规范规定		最小/实际检验数量	检验记录	检验结果
模具检查及预留预埋	7	预埋钢板、建筑幕墙用槽式预埋组件	中心线位置	3			
			平面高差	±2			
	8	预埋管、线盒、电线管	水平中心线位置	2			
			垂直方向中心线位置	2			
	9	预埋螺栓	中心线位置	2			
			外露长度	+5,0			
	10	预埋螺母	中心线位置	2			
			平面高差	±1			
	11	吊环	中心线位置	3			
			外露长度	0,-5			
	12	插筋	中心线位置	3			
			外露长度	+10,0			
	13	预留孔洞	中心线位置	3			
			尺寸	+3,0			
	14	灌浆套筒及连接钢筋	灌浆套筒/连接钢筋中心线位置	1			
			连接钢筋外露长度	+5,0			
	15	门窗框	中心线位置	2			
			宽度/高度	±2			
			对角线	±2			
			平整度	2			
钢筋检查	1	钢筋规格、数量	符合设计规范图纸要求				
	2	钢筋骨架	长、宽、高（厚）/mm	0,-5/±5			
			主筋间距（间距/排距）/mm	±10/±5			
			箍筋间距/mm	±10			
			起弯点位置/mm	15			
			保护层　柱、梁	±3			
成型、养护及脱模	1	隐蔽工程检查	第9.6.1条				
	2	混凝土工作性能	第9.6.2条				
	3	试块留样情况	第9.6.4条				
	4	养护	第9.6.10				
	5	脱模起吊强度	按照规定强度进行脱模起吊				
生产单位检查结论					生产负责人：　　质量员：　　　　　　　年　月　日		
驻厂监造单位验收结论（若无,则不填）					驻厂监造代表：　　　　　　　年　月　日		

表 5-20　梁、柱、桁架预制构件生产质量检验记录（工厂用表）

使用项目名称		使用部位		构件类型	
生产单位（公章）		生产日期		检验数量	
构件编号					
检验依据		《装配式混凝土建筑技术标准》（GB/T 51231—2016）			
项目	序号	检验内容	设计要求及规范规定	最小/实际检验数量	检验记录	检验结果
模具检查及预留预埋	1	模具清理、脱模油刷涂	第9.3.2条			
	2	长度/mm	≤6 m	1，-2			
			>6 m 且≤12 m	2，-4			
			>12 m	3，-5			
		宽度、高（厚）度/mm		2，-4			
	3	表面平整度/mm		2			
	4	模具对角线差/mm		3			
	5	侧向弯曲、翘曲/mm		L/1500 且≤5			
	6	端模与侧模高低差、组模缝隙/mm		1			
	7	预埋钢板、建筑幕墙用槽式预埋组件	中心线位置/mm	3			
			平面高差/mm	±2			
	8	预埋螺栓	中心线位置/mm	2			
			外露长度/mm	+5，0			
	9	预埋螺母	中心线位置/mm	2			
			平面高差/mm	±1			
	10	吊环	中心线位置/mm	3			
			外露长度/mm	0，-5			
	11	插筋	中心线位置/mm	3			
			外露长度/mm	+10，0			
	12	预留孔洞	中心线位置/mm	3			
			尺寸/mm	+3，0			
	13	灌浆套筒及连接钢筋	灌浆套筒/连接钢筋中心线位置/mm	1			
			连接钢筋外露长度/mm	+5，0			

续表 5-20

钢筋检查	1	钢筋规格、数量	符合设计规范图纸要求	
	2	钢筋骨架	长、宽、高（厚）/mm	0，-5/±5
			主筋间距（间距/排距）/mm	±10/±5
			箍筋间距/mm	±10
			起弯点位置/mm	15
			保护层　柱、梁/mm	±5
成型、养护及脱模	1	隐蔽工程检查	第9.6.1条	
	2	混凝土工作性能	第9.6.2条	
	3	试块留样情况	第9.6.4条	
	4	养护	第9.6.10条	
	5	脱模起吊强度	按照规定强度进行脱模起吊	
生产单位检查结果				生产负责人：　　　质量员： 年　月　日
驻厂监造单位验收结论 （若无，则不填）				驻厂监造代表： 年　月　日

表 5-21　预制构件养护记录（工厂用表）

构件生产单位				项目名称		
混凝土强度等级		抗渗等级			抗折强度	
水泥品种及等级		外加剂名称			掺合料名称	
养护方式	□自然养护	□加热养护		养护部位		
首次养护时间			结束养护时间			
施工、验收依据		《混凝土结构工程施工规范》（GB 50666—2023）、 《混凝土结构工程施工质量验收规范》（GB 50204—2015）、 《大体积混凝土施工标准》（GB 50496—2019）				
日常养护记录						
养护天数	日期	日均气温	养护方法简述		养护人	审核人

表 5-22　楼板类预制构件成品质量检验记录（工厂用表）

使用项目名称				使用部位		构件类型	
生产单位（公章）				生产日期		检验数量	
构件编号							
施工、验收依据				《装配式混凝土建筑技术标准》（GB/T 51231—2016）			
检验项目				设计要求及规范规定（数值的单位均为 mm）	最小/实际抽样数量	检验记录	检验结果
1	预制构件外观质量			第9.7.1条 第9.7.2条			
2	预制构件的预埋件等规格、数量			第9.7.5条			
3	预制构件的粗糙面或键槽成型质量			第9.7.6条			
预制构件的外形尺寸偏差	1	长度	<12 m	±5			
			≥12 m 且小于 10 m	±10			
			≥10 m	±20			
	2	宽度		±5			
	3	厚度		±5			
	4	对角线差		6			
	5	表面平整度	内表面	4			
			外表面	3			
	6	侧向弯曲（梁、柱、板）		L/750 且≤20			
	7	扭翘（楼板）		L/750			
	8	预埋部件	预埋钢板	中心线位置偏差	5			
				平面高差	0，−5			
	9		预埋螺栓	中心线位置偏移	2			
				预埋螺栓外露长度	+10，−5			
	10		预埋线盒、电盒	在构件平面的水平方向中心位置偏差	10			
				与构件表面混凝土高差	0，−5			
	11	预留孔	中心线位置偏移	5			
			孔尺寸	±5			
	12	预留洞	中心线位置偏移	5			
			洞口尺寸、深度	±5			
	13	预留插筋	中心线位置偏移	3			
			外露长度	±5			
	14	吊环、木砖	中心线位置偏移	10			
			留出高度	0，−10			
	15	桁架钢筋高度		+5，0			
生产单位检验结论			生产负责人：			质量负责人：　　　　年　月　日	
驻场监造结论（如有）					驻场监造代表：　　　　　　年　月　日		

表 5-23 墙板类预制构件成品质量检验记录（工厂用表）

使用项目名称			使用部位		构件类型	
生产单位(公章)			生产日期		检验数量	
构件编号						
施工、验收依据			《装配式混凝土建筑技术标准》(GB/T 51231—2016)			

		检验项目		设计要求及规范规定(数值的单位均为 mm)	最小/实际抽样数量	检验记录	检验结果
1		预制构件外观质量		第9.7.1 条 第9.7.2 条			
2		预制构件的预埋件等规格、数量		第9.7.5 条			
3		预制构件的粗糙面或键槽成型质量		第9.7.6 条			
4		钢筋套筒型式检验报告和钢筋套筒灌浆连接接头抗拉强度试验		第9.7.8 条			
5		夹心外墙板的内外叶墙板之间的拉结件类别、数量、使用位置及性能		第9.7.9 条			
6		夹心保温外墙板用的保温材料类别、厚度、位置及性能		第9.7.10 条			
预制构件的外形尺寸偏差	1	高度		±4			
	2	宽度		±4			
	3	厚度		±3			
	4	对角线差		5			
	5	表面平整度	内表面	4			
			外表面	3			
	6	侧向弯曲(梁、柱、板)		$L/1000$ 且≤20			
	7	扭翘(楼板)		$L/1000$			
	8	预埋钢板	中心线位置偏差	5			
			平面高差	0, -5			
	9	预埋部件 预埋螺栓	中心线位置偏移	2			
			预埋螺栓外露长度	+10, -5			
	10	预埋套筒、螺母	中心线位置偏移	2			
			平面高差	0, -5			

续表 5-23

	检验项目		设计要求及规范规定(数值的单位均为 mm)	最小/实际抽样数量	检验记录	检验结果
预制构件的外形尺寸偏差	11	预留孔	中心线位置偏移	5			
			孔尺寸	±5			
	12	预留洞	中心线位置偏移	5			
			洞口尺寸、深度	±5			
	13	预留插筋	中心线位置偏移	3			
			外露长度	±5			
	14	吊环、木砖	中心线位置偏移	10			
			留出高度	0,−10			
	15	键槽	中心线位置偏移	5			
			长度、宽度	±5			
			深度	±5			
	16	灌浆套筒及连接钢筋	灌浆套筒中心线位置	2			
			连接钢筋中心线位置	2			
			连接钢筋外露长度	+10,0			

生产单位检验结论	生产负责人:	质量负责人: 年　月　日
驻场监造结论 (如有)	驻场监造代表:	年　月　日

表 5-24　梁、柱、桁架类预制构件成品质量检验记录(工厂用表)

使用项目名称		使用部位		构件类型	
生产单位(公章)		生产日期		检验数量	
构件编号 施工、验收依据		《装配式混凝土建筑技术标准》(GB/T 51231—2016)			

	检验项目	设计要求及规范规定(数值的单位均为 mm)	最小/实际抽样数量	检验记录	检验结果
1	预制构件外观质量	第9.7.1条,第9.7.2条			
2	预制构件的预埋件等规格、数量	第9.7.5条			
3	预制构件的粗糙面或键槽成型质量	第9.7.6条			

续表 5-24

		检验项目		设计要求及规范规定（数值的单位均为 mm）	最小/实际抽样数量	检验记录	检验结果
	4	钢筋套筒型式检验报告和钢筋套筒灌浆连接接头抗拉强度试验		第 9.7.8 条			
预制构件的外形尺寸偏差	1	长度	<12 m	±5			
			≥12 m 且小于 10 m	±10			
			≥10 m	±20			
	2	宽度		±5			
	3	厚度		±5			
	4	表面平整度		4			
	5	侧向弯曲	梁、柱	L/750 且 ≤20			
			桁架	L/1000 且 ≤20			
	6	预埋部件	预埋钢板	中心线位置偏差　5			
				平面高差　0，-5			
	7		预埋螺栓	中心线位置偏移　2			
				预埋螺栓外露长度　+10，-5			
	8	预留孔		中心线位置偏移　5			
				孔尺寸　±5			
	9	预留洞		中心线位置偏移　5			
				洞口尺寸、深度　±5			
	10	预留插筋		中心线位置偏移　3			
				外露长度　±5			
	11	吊环		中心线位置偏移　10			
				留出高度　0，-10			
	12	键槽		中心线位置偏移　5			
				长度、宽度　±5			
				深度　±5			
	13	灌浆套筒及连接钢筋		灌浆套筒中心线位置　2			
				连接钢筋中心线位置　2			
				连接钢筋外露长度　+10，0			
生产单位检验结论		生产负责人：				质量负责人： 年　月　日	
驻场监造结论（如有）		驻场监造代表：				年　月　日	

表 5-25 装饰类构件质量成品检验记录（工厂用表）

使用项目名称			使用部位		构件类型	
生产单位(公章)			生产日期		检验数量	
构件编号						
施工、验收依据			《装配式混凝土建筑技术标准》(GB/T 51231)			
检验项目			设计要求及规范规定(数值的单位均为 mm)	最小/实际抽样数量	检验记录	检验结果
1		预制构件外观质量	第9.7.1条，第9.7.2条			
2		预制构件的预埋件等规格、数量	第9.7.5条			
3		预制构件的粗糙面或键槽成型质量	第9.7.6条			
4		面砖与混凝土的黏结强度	第9.7.7条			
1	通用	表面平整度	2			
2		阳角方正	2			
3		上口平直	2			
4	面砖、石材	接缝平直	3			
5		接缝深度	±5			
6		接缝宽度	±2			
生产单位检验结论		生产负责人：		质量负责人： 年 月 日		
驻场监造结论（如有）		驻场监造代表：		年 月 日		

表 5-26　预制构件首件构件验收记录（工厂用表）

单位(子单位)工程名称				
总承包施工单位		项目负责人		
分部(子分部)工程名称		构件名称		
构件生产单位		构件生产日期		
施工、验收依据		验收部位		
	项目内容		检查情况	
构件验收情况	1. 预制构件质量证明文件 2. 构件外观质量 3. 构件预埋件、预留钢筋、预留管线和预留孔等 4. 构件粗糙面或键槽设置 5. 构件的混凝土强度 6. 构件性能检测 7. 预贴面砖、石材等饰面与混凝土的黏结性能			
验收结论				
构件生产单位 项目负责人签名： 年　月　日 （盖章）	总承包施工单位 项目负责人签名： 年　月　日 （盖章）	监理单位 总监/总监代表签名： 年　月　日 （盖章）	设计单位 项目负责人签名： 年　月　日 （盖章）	建设单位 项目负责人签名： 年　月　日 （盖章）

表5-27　装配式混凝土预制构件出厂合格证（工厂用表）

使用项目名称				
构件生产单位				
构件型号、规格、数量			出厂日期	
施工、验收依据				
性能检验评定结果	混凝土抗压强度（标准养护）	试验编号		
		达到设计强度（100%）		
	钢筋	试验编号		
		试验结论		
	外观	质量状况		
		规格尺寸		
	结构性能	试验编号		
		试验结论		
	预埋件、连接件	试验编号		
		试验结论		
	面层装饰材料	试验编号		
		试验结论		
	保温材料	试验编号		
		试验结论		
	保温连接件	试验编号		
		试验结论		
生产单位评定意见（公章）				
生产单位　签字栏	质量员：　　　　　　　　　　　技术质量负责人： 　　年　月　日　　　　　　　　　　年　月　日			

表 5–28　装配式混凝土预制构件产品出厂数量清单（附表）

构件生产企业 （盖章）		项目 名称			
构件生产企业地址					
出厂构件数量总计		出厂 日期			
构件数量、规格明细清单					
序号	构件名称	构件编号	生产日期	数量/件	使用部位

习 题

一、填空题

1. 预制构件生产的质量检验应按_____、_____、_____、_____、_____等进行。

2. 用作底模的台座、脱模、地坪及铺设的底板等应平整光洁,不得有_____、_____、和_____等质量通病。

3. _____应进行钢筋、预应力的隐蔽工程检查。

4. 预制构件生产时应采取措施避免出现外观质量缺陷,外观质量缺陷根据其影响结构性能、安装和使用功能的严重程度划分为_____和_____。

5. 预制构件的养护应根据预制构件特点和生产任务量选择_____、_____或_____。

6. 预制构件脱模时的表面温度与环境温度的差值不宜超过____℃。

7. 预制构件脱模起吊时的混凝土强度不宜小于_____MPa。

二、单项选择题

1. 预制构件出厂时的混凝土强度不宜低于设计混凝土强度等级值的(   )。

A.70%　　　　　　B.75%　　　　　　C.80%　　　　　　D.85%

2. 带保温材料的预制构件宜采用(   )浇筑方式成型。

A. 水平　　　　　　B. 垂直　　　　　　C. 分层　　　　　　D. 分段

3. 预制构件表面平整度的检验方法宜采用(   )检查。

A. 钢尺　　　　　　B. 托线板　　　　　　C. 靠尺或塞尺　　　　　　D. 拉线

4. 预制梁柱构件在做外观质量验收时发现其混凝土表面缺少水泥砂浆而形成石子外露的现象,这属于下列哪种质量缺陷?(   )

A. 裂缝　　　　　　B. 露筋　　　　　　C. 孔洞　　　　　　D. 蜂窝

5. 采用应力控制方法张拉时,应校核最大张拉力下预应力筋伸长值。实测伸长值与计算伸长值的偏差应控制在(   )之内,否则应查明原因并采取措施后再张拉。

A.2%　　　　　　B.4%　　　　　　C.6%　　　　　　D.8%

三、简述题

1. 浇筑混凝土前应进行钢筋、预应力的隐蔽工程检查,简述隐蔽工程检查项目。

2. 简述混凝土进行抗压强度检验的要求。

3. 简述预应力筋的下料规定。

4. 混凝土进行浇筑时应符合的规定有哪些。

项目五习题答案

素质目标

1. 培养学生立足岗位,服务祖国建设的家国情怀;
2. 培养学生的安全生产意识和管理能力;
3. 培养学生严谨细致、遵规守法、爱岗敬业、安全操作、团结协作的职业素养。

知识目标

1. 了解 PC 构件工厂安全生产工作特点、文明施工的主要要求;
2. 熟悉 PC 构件工厂安全生产管理、环境保护和职业健康安全工作的内容;
3. 掌握 PC 构件生产过程中的安全操作规程、危险源识别、事故预防措施与处理技能,以及相关法律法规与标准。

能力目标

1. 能适应团队协作与沟通,应对生产现场复杂多变的环境;
2. 能掌握 PC 构件生产过程中的安全操作规程、风险识别与评估方法、应急预案制定及演练等;
3. 能熟练运用所学安全生产管理知识解决实际生产中的安全问题。

任务一 安全生产管理组织架构

PC 构件工厂是预制构件制作、运输的主要场所,其生产活动具有一定危险性,也会对周围环境产生一定影响,所以要注重安全文明施工和环境保护的相关要求。

一、安全生产管理组织机构

PC 工厂管理层设立安全生产委员会(简称安委会),由工厂第一负责人担任安委会主任,其成员由企业管理人员及有关职能部门组成,安委会全面负责工厂的安全管理工作。车间设立安全生产领导小组,车间主任担任安全生产领导小组组长。具体组织架构如图 6-1 所示。

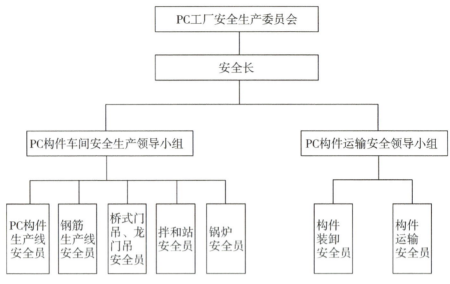

图 6-1　PC 工厂安全生产组织架构图

PC 构件配备的安全生产管理人员需具备胜任组织 PC 构件安全生产工作的能力,通过有关主管部门的安全生产知识和管理能力考核,成绩合格,持有上岗证。PC 工厂的安全管理人员的配备数量应符合《建筑施工企业安全生产管理机构设置及专职安全生产管理人员配备办法》(建质〔2008〕91 号)以及各地方主管部门相关要求。

二、安全生产岗位职责

PC 工厂实行安全生产责任制,各级管理层、各部门及作业人员应各司其职,各负其责。

(一)厂长安全职责

厂长是 PC 工厂安全生产的主要责任人,对本单位的安全生产,依法负有下列职责:

①建立、健全工厂安全生产责任制,组织制定并督促工厂安全生产管理制度和安全操作规程的落实。

②依法设置工厂安全生产管理机构,确定符合条件的分管安全生产负责人和技术负责人,并配备安全生产管理员。

③定期研究布置工厂安全生产工作,接受上级对构件安全生产工作的监督。

④督促、检查工厂中 PC 生产线、钢筋生产线、拌和站的安全生产工作,及时消除生产安全事故隐患。

⑤组织开展与构件生产预制有关的一系列安全生产教育培训、安全文化建设和班组安全建设工作。

⑥依法开展工厂安全生产标准化建设、检查、整改、取证工作。

⑦组织实施防治电焊工尘肺病、电光性皮炎、电光性眼炎、锰中毒和金属烟热,预防噪声性耳聋等职业病防治工作,保障车间内从业人员的职业健康安全。

⑧组织制定并实施用电、用气、锅炉蒸汽、机械设备使用等安全事故应急救援预案。

⑨及时、如实报告事故,组织事故抢救。

(二)安全生产工作责任

安全长、车间安全管理人员职责:工厂安全长、车间安全管理人员按照分工抓好主管范围内的安全生产工作,对主管范围内的安全生产工作负领导责任。

①认真学习贯彻《安全生产法》《建设工程安全生产管理条例》和《劳动合同法》及相关安全法规、标准和规章制度,熟悉 PC 生产线、钢筋加工生产线的生产安全操作规程等强制性条款,负责拟订相关安全规章制度、安全防护措施、应急预案等。

②掌握 PC 构件预制生产工艺中相关专业知识和安全生产技术,监督相关安全规章制度的实施,参与相关应急预案的制订和审核。

③组织 PC 工厂内构件生产、运输、储藏,钢筋加工,混凝土拌和运输,锅炉管理、蒸汽使用人员的安全教育培训、安全技术交底等工作。

④根据生产进展情况,对 PC 生产线和钢筋加工生产设备、起重工具、运输机械、混凝土拌和设备、锅炉蒸汽管道的安全装置、车间内的作业环境等进行安全大检查。

⑤负责厂区内 PC 生产线、钢筋加工生产线、锅炉房、拌和站、堆场龙门吊、配电房等危险部位和危险源安全警示标志的设置,参与文明车间达标创建的实施管理。

⑥建立构件安全生产台账并管理各类安全文件、资料档案。

⑦保持工厂安全管理体系和安全信息系统的有效运行,制定工厂施工生产安全事故应急预案并组织演练。

(三)班(组)长安全生产责任

PC 工厂内的 PC 构件生产预制、构件运输、钢筋加工、混凝土拌和班(组)长,承担各自工作范围内的安全生产职责。

①带领本班(组)作业人员认真落实上级的各项安全生产规章制度,严格执行安全生产规范和操作规程,遵守劳动纪律,制止"三违"(即:违章指挥、违章作业、违反操作规程)行为。

②服从车间和工厂管理层的领导和安全管理人员的监督检查,确保安全生产。

③认真坚持"三工"(即:工前交代、工中检查、工后讲评)制度,积极开展班(组)安全生产活动,做好班(组)安全活动记录和交接班记录。

④配备兼职安全员,组织在岗员工的安全教育和操作规程学习,做好新工人的岗位教育,检查班组人员正确使用个人劳动防护用品,不断提高个人自我保护能力。

⑤经常检查班组作业现场安全生产状况,维护安全防护设施,发现问题及时解决并上报有关车间主任和相关负责人。

⑥发生人身伤亡事故要立即组织抢救,保护好现场,并立即向上级报告事故情况。

⑦对因违章作业、盲目蛮干而造成的人身伤亡事故和经济损失负直接责任。

(四)专(兼)职安全员安全生产责任

①专(兼)职安全员在班(组)长的领导下进行具体的安全管理工作。

②协助班(组)长落实安全生产规章制度与防护措施,并经常监督检查,抓好落实

工作。

③及时发现和制止"三违"行为,纠正和消除人、机、物及环境方面存在的不安全因素。

④及时排除危及人员和设备的险情,突遇重大险情时有权停止施工,并及时向上级管理者报告。

⑤专(兼)职安全员必须持有有关部门颁发的安全员证,上岗时必须佩带标识。

⑥对因工作失职而造成的伤亡事故承担责任。

(五)操作人员安全生产责任

①在班(组)长的领导下学习所从事工作的安全技术知识,不断提高安全操作技能。

②自觉遵守PC生产线、钢筋加工线、锅炉、拌和站、配电房的安全生产规章制度和操作规程,按规定佩戴劳动防护用品。在工作中做到"不伤害他人,不伤害自己,不被他人伤害",同时有劝阻制止他人违章作业。

③从事特种作业的人员要参加专业培训,掌握本岗位操作技能,取得特种作业资格后持证上岗。

④对生产现场不具备安全生产条件的,操作人员有义务、有责任建议改进。对违章指挥、强令冒险行为,有权拒绝执行。对危害人身生命安全和身体健康的生产行为,有权越级检举和报告。

⑤参与识别和控制与工作岗位相关的危险源,严守操作规程,做好各项记录,交接班时必须交接安全生产情况。

⑥对因违章操作、盲目蛮干或不听指挥而造成他人人身伤害事故和经济损失的,承担直接责任。

⑦正确分析、判断和处理各种事故隐患,把事故消灭在萌芽状态。如发生事故,要正确处理,及时、如实报告,并保护现场,做好详细记录。

任务二　安全生产

一、安全生产基本知识

(一)安全生产的意义

安全生产是指在生产经营活动中,为了避免造成人员伤害和财产损失的事故而采取相应的事故预防和控制措施,使生产过程在符合规定的条件下进行,以保证从业人员的人身安全与健康,设备和设施免受损坏,环境免遭破坏,保证生产经营活动得以顺利进行。

安全生产关系人民群众生命财产安全,关系改革、发展和稳定大局。安全责任重于泰山。生产经营单位安全管理人员应了解我国安全生产形势与方针目标,学习和掌握安全生产管理知识。扎实做好安全生产管理工作,提高安全生产管理水平,是安全生产需解决的问题,也是实现经济社会可持续发展的必然要求。

(二)安全生产的基本要素

①必须按照国家法律法规进行安全培训。

②对新工人或调换工种的工人经培训考核合格,方准上岗。

③必须设置安全设施,备齐必要的安全警示牌等工具。

④生产人员必须佩戴安全帽、作业手套、防砸鞋、防尘口罩等。

⑤必须确保起重机的完好,起重机工必须持证上岗。

⑥吊运前要认真检查索具和被吊点是否牢靠。

⑦在吊运构件时,吊钩下方禁止站人或有人行走。

⑧班组长每天要对班组工人进行作业环境的安全交底。

⑨安全生产隐患点的控制。

(三)预制构件厂安全生产工作的特点

①机械化、自动化、电气化程度高。

②工作时,员工作业位置相对固定。

③室内作业多,室外作业少。

④吊装以及运输作业多。

根据预制构件厂安全生产工作的特点,对其进行危险源识别是十分必要的。危险源识别就是识别危险源并确定其特性的过程,通过识别生产过程中的危险源,对其性质加以判定,对可能造成的危害、影响提前制定措施,进行有针对性的预防,从而确保生产的安全、稳定。机械伤害事故应急处置卡如图6-2所示。

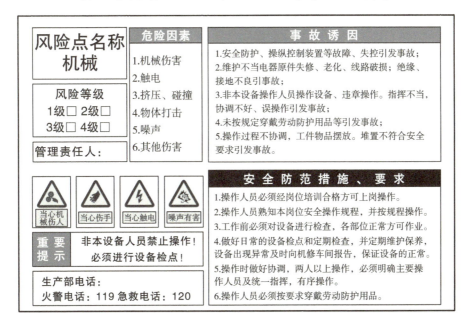

机械伤害事故应急处置卡

事故特征	危险性分析	机械加工生产及相关作业工序的人员在操作车、钻、磨、注塑机等加工设备，进行设备维修作业时对人员造成的轻伤、重伤或死亡事故。
	事故可能发生的区域、地点、装置	生产车间及使用危险设备的作业现场。
	可能造成的伤害	易发生撞伤、碰伤、绞伤、咬伤、打击、切削、灼烫等伤害，会造成人员手指绞伤、皮肤裂伤、骨折、烫伤，严重的会使身体被卷入轧伤致死或者部件、工件飞出，打击致伤（残），甚至会造成人员死亡事故。
	事故前可能出现的征兆	作业场所不符合安全要求，地面有油污；设备"带病"运转；安全装置失效等；员工或检修人员违规作业或违章检修机器；喝酒上岗；未按规定穿戴劳动防护用品工人上岗作业装束不规范操作机器。
预防措施		1.操作人员必须经过专门培训，经考试合格后方可上岗。特种作业人员必须经政府有关部门培训，考试合格取得上岗操作证； 2.操作人员须严格遵守机械设备安全操作规程，正确使用和穿戴劳动防护用品，用工具操作的部位，不得用手代替工具操作； 3.机械传动、转动部位应加装可靠的防护装置，防护装置不得任意拆除； 4.机械不得带"病"运转。动火作业审批要求；维修过程中的多工种配合指挥；维修区域的警示标牌； 5.检修机械时，必须切断电源，挂"禁止合闸"警示牌； 6.检修完毕，试运转前，对现场进行检查，确认机械部位人员、设备内人员撤离到安全的地方，方可试运转。
现场处置		1.发现有人受伤后，现场作业人员应马上关闭机械设备电源，并立即向周围人员呼救，通知本部门领导或公司安全主任到达事故现场。 2.相关领导接报后立即到现场，实施现场处置指挥工作。 3.对创伤出血者迅速送往医院救治。 4.发生断指时立即止血，尽可能做到将断指冲洗干净，用消毒敷料袋包好，放入装有冷饮的塑料袋内与伤者一起立即送往医院救治。 5.肢体骨折时，应固定伤肢，用木板或平板抬运，送往医院救治。 6.肢体卷入设备内，立即切断电源，如果肢体仍被卡在设备内，不可用倒转设备的方法取出肢体，妥善的方法是拆除设备部件，无法拆除时，拨打110报警。 7.受伤者伤势较重或无法现场处置时，立即拨打120急救电话。 8.做好事故现场的保护工作，以便进行事故调查。
注意事项		1.发现易产生机械伤害事故的安全隐患，应立即排除。 2.及时制止非操作、检修人员进行操作、维修工作。 3.对重伤者（特别是不明伤害部位和伤害程度的），不要盲目进行抢救，以免引起更严重的伤害。 4.非专业救护人员不可进行人工呼吸和胸外心脏按压术。 5.如拨打"120"或110，报警电话后，应派人到门口接应，并保护好事故现场，以便进行事故调查处理。
公司应急救援电话：		急救电话：120　　　消防电话：119

图6-2　机械伤害事故应急处置卡

可以将预制构件厂危险源一一进行识别并进行分析,评价表见表6-1～表6-3。

表6-1　钢筋加工危险源识别

序号	工作内容	潜在危害	危害影响	分析评价					现有风险控制措施和建议
				可能性	暴露频率	严重度	风险值	危害程度	
1	钢筋吊装	吊装钢筋坠落、物体打击	人员伤害、设备损坏	3	6	7	126	显著危险需要整改	1.行车司机必须持证上岗; 2.钢筋吊装方式采取两点式、同型号吊装,并采用专用吊具进行吊装; 3.吊装过程中,任何人不得停留在吊物下方,不得用手牵引吊装物。
2	钢筋切断机	电未接地	触电伤害	1	6	15	90	显著危险需要整改	使用漏电保护器,检查设备电源线及接地情况。
		挤压(切)手指	手指挤伤	3	6	3	54	可能危险需要注意	1.尽量使用工具代替手工操作; 2.用手送钢筋料时应距切断处20 cm; 3.禁止徒手加工短于20 cm的钢筋; 4.维修、保养设备时必须切断电源。
3	钢筋弯箍机(线材)	电未接地	触电伤害	1	6	15	90	显著危险需要整改	使用漏电保护器,检查设备电源线及接地情况。
		钢筋弯曲作业中机械伤害	受到钢筋弯曲过程中的甩、弹打击	3	6	1	18	稍有危险可以接受	1.严禁弯曲超过机械铭牌规定直径的钢筋; 2.弯曲钢筋的旋转半径内不准站人。
		挤压(切)手指	手指挤伤	3	6	3	54	可能危险需要注意	1.作业中严禁变换角度,用手拉、拽钢筋; 2.维修、保养设备时必须切断电源。

续表 6-1

序号	工作内容	潜在危害	危害影响	分析评价				危害程度	现有风险控制措施和建议
				可能性	暴露频率	严重度	风险值		
4	钢筋弯曲机(棒材)	电未接地	触电伤害	1	6	15	90	显著危险需要整改	使用漏电保护器,检查设备电源线及接地情况
		钢筋弯曲作业中机械伤害	受到钢筋弯曲过程中的甩、弹打击	3	6	1	18	稍有危险可以接受	1.严禁弯曲超过机械铭牌规定直径的钢筋; 2.弯曲钢筋的旋转半径内不准站人; 3.弯曲较长钢筋时,应有专人帮扶钢筋,帮扶人员应按操作人员指挥手势进退,不得任意推送。
		挤压(切)手指	手指挤伤	3	6	3	54	可能危险需要注意	1.当用手扶钢筋料时应距弯曲处20 cm; 2.禁止徒手加工短于20 cm的钢筋; 3.作业中严禁更换轴芯、销子和变换角度及调速; 4.维修、保养设备时必须切断电源。
5	桁架焊接机	电未接地	触电伤害	1	6	15	90	显著危险需要整改	使用漏电保护器,检查设备电源线及接地情况。
		电焊火花烫伤	烫伤	3	6	1	18	稍有危险可以接受	1.工作时必须穿工作服; 2.作业时与焊接主体保持安全距离。
		挤压手指	手指挤伤	3	6	3	54	可能危险需要注意	1.作业中严禁拉、拽钢筋; 2.维修、保养设备时必须切断电源。
6	网片焊接机	电未接地	触电伤害	1	6	15	90	显著危险需要整改	使用漏电保护器,检查设备电源线及接地情况。
		电焊火花烫伤	烫伤	3	6	1	18	稍有危险可以接受	1.工作时必须穿工作服; 2.作业时与焊接主体保持安全距离。
		挤压手指	手指挤伤	3	6	3	54	可能危险需要注意	1.作业中严禁拉、拽钢筋; 2.维修、保养设备时必须切断电源。
7	套丝机	电未接地	触电伤害	1	6	15	90	显著危险需要整改	使用漏电保护器,检查设备电源线及接地情况。
		缠入旋转轴	手指挤伤	1	6	1	6	稍有危险可以接受	1.禁止佩戴手套操作套丝机; 2.设备运行过程中禁止调整、清理旋转的轮轴。

表 6-2　生产线危险源识别

序号	工作内容	潜在危害	危害影响	分析评价				危害程度	现有风险控制措施和建议
				可能性	暴露频率	严重度	风险值		
1	模台行走	模台行走时从模台间隙通过	挤伤	6	6	3	108	显著危险需要整改	1. 禁止在模台运行时从模台间隙通过； 2. 操作人员运行模台前发出警示提醒，运行中注意观察。
		模台行走时上面站人	摔伤	6	6	1	36	可能危险需要注意	禁止在模台运行时上面站人。
2	模板安装	边模跌落	砸伤	3	6	3	54	可能危险需要注意	1. 使用行车吊运模板时，行车司机必须持证上岗； 2. 两人抬模板时要互相配合； 3. 配备防砸鞋。
		挤压手指	手指挤伤	3	6	1	18	稍有危险可以接受	1. 多人协作时注意相互配合； 2. 作业时佩戴手套。
3	钢筋安装	边模、钢筋跌落	砸伤	3	6	3	54	可能危险需要注意	1. 两人抬模板时要互相配合； 2. 配备防砸鞋。
		挤压手指	手指挤伤	3	6	1	18	稍有危险可以接受	1. 多人协作时注意相互配合； 2. 作业时佩戴手套。
4	预埋件安拆	挤压手指	手指挤伤	3	6	1	18	稍有危险可以接受	作业时佩戴手套
		在高处拆除预埋件时跌落	摔伤	3	6	3	54	可能危险需要注意	1. 严禁在吊装过程中拆除预埋件； 2. 构件放平稳后才能拆除预埋件； 3. 高处作业时应系安全带，穿防滑鞋。
5	电焊机	电线漏电	触电伤害	1	6	15	90	显著危险	使用漏电保护器，检查设备电源线及接地情况。
		光辐射	眼睛伤害	6	3	3	54	可能危险需要注意	1. 电焊工必须持证上岗； 2. 电焊作业时必须戴防护眼镜或防护面置。
		火花飞溅	火灾等	3	3	7	63	高度危险立即整改	1. 电焊工必须持证上岗； 2. 作业前必须办理动火作业证，清理周围易燃物等。

续表 6-2

序号	工作内容	潜在危害	危害影响	分析评价				危害程度	现有风险控制措施和建议
				可能性	暴露频率	严重度	风险值		
6	氧气乙炔切割	使用间距小于5 m	爆炸	1	6	40	240	可能危险需要注意	1.作业人员必须持证上岗； 2.作业时氧气、乙炔瓶间距必须大于5 m。
		火花飞溅	火灾等	1	3	15	45	稍有危险可以接受	1.作业人员必须持证上岗； 2.作业前必须办理动火作业证,清理周围易燃物等。
7	混凝土浇筑	布料机撞人	人员受伤	3	6	1	18	稍有危险可以接受	1.布料机作业时,人员保持安全距离； 2.操作人员应集中注意力,避免误操作。
		铁锹、小车等伤人	设备损坏人员受伤	3	6	1	18	显著危险需要整改	作业时注意相互配合。
		行车吊运布料机坠落	摔伤	3	6	7	126	显著危险需要整改	1.行车司机必须持证上岗； 2.布料机吊运前要检查吊具、吊环等吊装工具,确保符合要求； 3.使用专用的吊装工具； 4.吊装过程中,任何人员不得停留在吊物下方。
		清洗布料机、鱼雷罐时跌落	摔伤	3	10	3	90	可能危险需要注意	1.清洗作业时严禁开动设备； 2.清洗作业时应系安全带,穿防滑鞋。
8	模台存放	存取机上面或下面站人	人员伤害	3	3	7	63	可能危险需要注意	1.存取机作业时,上面、下面严禁站人； 2.并保持安全距离。
9	模板拆除	模板跌落	砸伤	3	10	1	30	稍有危险可以接受	1.使用行车吊运模板时,行车司机必须持证上岗； 2.两人抬模板时要互相配合； 3.配备防砸鞋。
		大锤、撬杠等伤人	人员伤害	3	6	1	18	可能危险需要注意	作业时注意相互配合。
10	模台立起	立起机下面站人	人员伤害	3	3	7	63	显著危险需要整改	可能危险需要注意立起机作业时,下面严禁站人,并保持安全距离。
11	模台坠落造成物体打击	模台坠落造成物体打击	设备损坏、人员伤害	3	6	7	126	高度危险立即整改	1.行车司机必须持证上岗； 2.模台吊运前要检查吊具、吊环等吊装工具,确保符合要求； 3.使用专用的吊装工具； 4.吊装过程中,任何人员不得停留在吊物下方,不得用手牵引吊装物。

表 6-3 运转工作危险源识别

序号	工作内容	潜在危害	危害影响	分析评价				危害程度	现有风险控制措施和建议
				可能性	暴露频率	严重度	风险值		
1	构件修补	物体打击机械伤害	飞溅物对脸、眼睛的伤害；旋转设备对手部等的伤害	3	6	3	54	可能危险需要注意	1. 做切割、打磨、冲击等类型的作业时，必须佩戴防冲击眼镜； 2. 使用旋转设备，如角磨机时，不得佩戴手套； 3. 修补作业前应注意观察构件摆放是否牢固可靠。
2	铲车上料	车辆撞人	人员伤害	3	6	3	54	可能危险需要注意	1. 铲车必须由专职司机驾驶，严禁其他人员驾驶； 2. 严格控制铲车车速，不得超过5 km/h； 3. 上车前检查轮胎、铲车反光镜、倒车警报、尾灯、制动系统等，确保车辆状况良好。
3	构件吊运到运输车上	构件坠落造成物体打击	人员伤害	3	10	7	210	高度危险立即整改	1. 行车司机必须持证上岗； 3. 构件吊运前要检查吊具、吊环等吊装工具，确保符合要求； 3. 使用专用的吊装工具； 4. 吊装过程中，任何人员不得停留在吊物下方，不得用手牵引吊装物。
4	构件转运到堆场	构件坠落造成物体打击	人员伤害	3	6	5	270	高度危险立即整改	1. 行车司机必须持证上岗； 2. 构件吊运前要检查吊具、环等吊装工具，确保符合要求； 3. 使用专用的吊装工具； 4. 吊装过程中，任何人员不得停留在吊物下方，不得用手牵引吊装物； 5. 在向架子上放构件的过程中，周围不得站人； 6. 确定构件摆放稳定后，拆吊钩过程中下面要有人监护，观察构件是否有移动、倾倒的可能，拆钩人员不得穿肥大的衣服，做到"三紧"； 7. 构件堆场不得逗留，非工作人员禁止入内。

续表 6-3

序号	工作内容	潜在危害	危害影响	分析评价					现有风险控制措施和建议
				可能性	暴露频率	严重度	风险值	危害程度	
5	构件装车	构件坠落造成物体打击	人员伤害	3	6	15	270	高度危险立即整改	1. 行车司机必须持证上岗； 2. 构件吊运前要检查吊具、吊环等吊装工具,确保符合要求； 3. 使用专用的吊装工具； 4. 吊装过程中,任何人员不得停留在吊物下方,不得用手牵引吊装物； 5. 在向车上放构件前,应检查车上的构件运输架,确认良好后方可放置构件。
		高处坠落	人员伤害	3	6	7	126	显著危险需要整改	1. 构件放到运输架上后,需先将构件固定后方可拆卸挂钩,在拆卸挂钩时,不要穿过于肥大的衣服； 2. 下车时不得从车上、构件上跳下。
6	发货	车辆事故	人身伤害、车辆损坏	3	5	3	45	可能危险需要注意	1. 出车前,司机确认好车上架子及构架是否固定稳妥； 2. 司机检查车辆反光镜、车灯、轮胎、刹车、油路等情况,确认车辆情况安全方可出发； 3. 行驶过程中严格按照相关法律法规行驶,文明驾驶,严格执行"一项一规",按照规定路线、车速行驶。

二、安全生产管理规定

(一)预制构件厂安全生产管理内容

预制构件厂安全生产管理工作主要包括以下内容:

①建立、健全并严格执行安全生产管理制度。

②建立、健全完善行之有效的安全管理体系。

③定期开展安全教育培训。

④制定完整的生产安全技术措施,进行安全技术交底。

⑤进行安全生产检查监督。

⑥及时处理安全隐患。

预制构件厂的安全生产管理可按生产程序分为构件生产、构件转运和运输两个环节。

　　构件生产活动主要在车间内进行,做好构件生产的安全防护,才能保证生产活动的顺利进行。构件生产车间内人员多、机具多、线路多,完善的安全生产管理制度、经常的安全教育培训、完整的安全技术措施及齐全的安全技术交底是安全生产的重要保障。

(二)安全生产管理制度

　　车间内应悬挂预制构件厂的各项安全生产管理制度。车间内的安全生产管理制度主要包括:安全生产责任制、安全生产奖惩制度、安全教育培训制度、特种作业人员管理工作制度、安全生产检查制度等。

　　安全生产责任制是最基本的安全生产管理制度,是所有安全生产管理制度的核心。安全生产责任制将安全生产责任分解到厂长、安全员、线长、班组长及每个岗位的作业人员身上。钢筋桁架自动焊接机工位安全技术操作规程如图6-3所示。

翻转机安全操作规程

一、作业前的检查工作

　　1.运行前检查和确认电源合闸。

　　2.确认端子间或各暴露的带电部位没有短路或对地短路情况。

　　3.投入电源前使所有开关都处于断开状态,保证投入电源时,设备不会启动和不发生异常动作。

　　4.运行前请确认机械设备正常且不会造成人身伤害,操作人员应提出警示,防止人身和设备伤害。

二、作业中的安全操作

　　1.工作流程:拆除边模的模板通过滚轮输送到达翻转工位,模具锁死装置固定模板,托板保护机构移动托住制品底边,翻转油缸顶伸,翻转臂开始翻转,翻转角度达到85°~90°时,停止翻转,制品被竖直吊走,翻转模板复位。

　　2."控制电源"转换开关:用于系统电源的接通与关断。

　　3."急停开关"按钮,用于紧急情况下停止一切电气动作使用。

　　4."油泵电机启动/停止"转换开关,用于油泵电机的启动和停止。

　　5."翻转升起"和"翻转下落"转换开关,用于翻转台的升起和下落控制。

　　6."模台锁紧"和"模台松开"按钮,用于卡爪卡紧模台和松开模台。

　　7."托架挡住"和"托架松开"按钮,用于托架挡住和松开模台上面的构件。

三、设备的维护及保养

　　1.应及时清理设备,保持设备的清洁。

　　2.检查各液压管路及管接头无泄漏,如有泄漏现象,及时更换管接头或密封件。

　　3.检查各油缸无泄漏或拉油现象,如有泄漏,更换液压缸或者更换液压缸密封。

　　4.液压站液位低于下限时应及时补充液压油。

　　5.检查各连接螺栓的连接,保证各连接螺栓无松动、脱落现象。

　　6.检查轴承的转动情况,保证润滑良好,转动灵活、无卡阻。

构件起吊工位生产作业指导书

适用范围	适合本公司PC、固定生产线
作业目的	保障车间生产
材料及工具	翻转机行车、吊具
作业过程	1.起吊之前，检查模具及工装是否拆卸完全； 2.起吊前准备好相应的吊具，检查是否安全； 3.检查吊点，构件本身是否合格； 4.起吊过程做到轻、快、稳； 5.起吊前必须确保构件回弹强度不小于20 MPa； 6.构件吊至专用存放架； 7.工装使用后存放到指定位置，妥善保管
工作图片	
注意事项	1.不得耽误车间正常的生产； 2.注意工作人员的安全； 3.不得磕碰构件，运输架、存放架等必须包塑料垫等柔性垫； 4.翻转机运行时，操作人员严禁离岗，确保工作全区域无其余人员及时清扫作业区域，垃圾放入垃圾桶内。

图6-3　安全技术操作规程

（三）安全生产管理规定

为了加强预制构件厂的安全生产工作,保障员工的人身安全,确保构件正常生产。依据国家和地方有关部门文件的规定,制订构件安全生产的相关规定。

①工厂各部门必须建立、健全各自安全生产的各项制度和操作规程。

②对工厂员工必须进行生产安全教育,并填写教育记录存档。车间员工上岗前,必须对员工进行安全操作培训,经考试合格后才可独立操作。

③工厂为从事预制生产作业的人员提供必要的安全条件和防护用品,并购买人身保险。

④操作人员有权拒绝执行管理人员的违章指挥和强令冒险作业的工作指令。

⑤生产人员必须严格遵守操作规程进行作业生产。

⑥设备安全防护装置必须始终处于正常工作状况,任何人不得拆除设备安全防护装置。设备安全防护装置不能正常工作时,不准开机运行。

⑦禁止在生产车间内、办公楼和宿舍楼内乱拉电线、乱接电器设备。非专业人员严禁从事排拉电线、安装和检修电器设备工作。发生用电故障时,必须由电工进行修理,并认真执行设备检修期间的停送电规定。

⑧严禁无证人员从事电、气焊接,锅炉,生产线压力容器以及厂内车辆的驾驶等工作。

⑨生产车辆严格按照划定的车辆行驶路线和指示标识,在厂区和车间内行驶和停放。不得超速和越界行驶,严禁酒后驾驶。

⑩非生产车辆进入厂区后,严格按照厂区内划定的车辆行驶路线和指示标识行驶和停放。不得进入生产车间,不得超速和越界行驶。

⑪严禁在车间工作区域吸烟,特别是有易燃易爆品的区域。

三、安全教育培训

(一)安全教育培训的重要性

通过安全教育培训活动的开展,能增强职工安全防护意识和安全防护能力,提高各级管理人员安全管理业务素质,提升公司安全管理水平,减少伤亡事故的发生。

新职工入厂后,必须接受三级安全教育(公司级、车间级、班组级),并经考试合格才能上岗作业。如图6-4所示。

图6-4　职工安全教育

开展安全教育活动中,结合典型的事故案例进行教育。事故案例教育可以使员工从所从事的具体事故中吸取教训,预防类似事故的发生。可以激发工厂员工自觉遵纪守法,杜绝各类违章指挥、违章作业的行为。

(二)安全教育培训的规定

安全教育培训应分层次逐级进行,主要包括三级安全教育、日常安全教育、季节性安全教育、节假日及重大政治活动相关安全教育、年度继续教育、安全资格证书教育培训等。

①进工厂的新员工必须经过工厂、车间、班组的三级安全教育,考试合格后上岗。

②员工变换工种,必须进行新工种的安全技术培训教育后方可上岗。

③根据工人技术水平和所从事生产活动的危险程度、工作难易程度,确定安全教育的方式和时间。

④特殊工种必须经过当地安监局、技术监督局的安全教育培训,考试合格后持证上岗。

⑤每年至少安排二次安全轮训,目的是不断提高 PC 工厂安全管理人员的安全意识和技术素质。

(三)安全培训内容

安全教育培训的主要内容有:

①党和国家的安全生产方针政策;

②安全生产、交通、防火、环保的法规、标准、规范;

③公司安全规章制度、劳动纪律;

④事故发生后如何抢救伤员,如何排险,如何保护现场和事故如何上报;

⑤事故分类及发生事故的主要原因;

⑥车间施工特点及施工安全基本知识;

⑦高处作业、机械设备、电气安全、职业健康等基本知识;

⑧防火、防毒、防尘、防爆知识及紧急情况安全处置和安全知识;

⑨防护用品发放标准及使用基本知识等。

安全知识教育主要从 PC 工厂基本生产概况、生产预制工艺方法、危险区、危险源及各类不安全因素和有关安全生产防护的基本知识着手,结合工厂内和车间中各专业的特点,实施安全操作、规范操作技能培训,使受培训的人员能够熟悉掌握本工种安全操作技术。

新进员工三级安全教育流程图如图 6-5 所示。

(四)PC 工厂具体安全培训内容

(1)PC 构件生产线生产安全培训内容

①设备安全:模台运行、清扫机、画线机、振动台、赶平机、抹光机等;

②生产安全:钢筋加工线、拌和站;

③吊运安全:桥式门吊、龙门吊;

④运行安全:地面车辆;

⑤用电安全:动力设备;

⑥构件养护和冬季取暖锅炉管道安全等。

其中 PC 构件生产线生产安全包含模台运行安全,清扫机、画线机、布料机、混凝土输

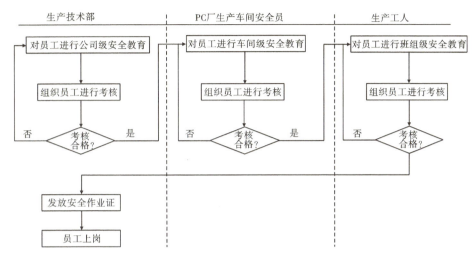

图6-5　新进员工三级安全教育流程图

送罐、振动台、赶平机、拉毛机、抹光机等设备的使用安全,码垛机的装卸安全,翻板机的负载工作安全,各类辅助件安全(扁担梁、接驳器、钢丝绳、吊带、构件支架等)。

堆场龙门吊安全管理中除了吊运安全以外,还要防止龙门吊溜跑事故。在每日下班前,一定实施龙门吊的手动制动锁定,并穿上铁鞋进行制动双保险后,方可离开。

（2）PC构件安全培训内容

①按照技术规范要求起运、堆放PC构件。

②要进行构件吊点位置和扁担梁的受力计算、构件强度达到要求后方可起吊。如图6-6所示。

图6-6　预制墙板的起吊

③正确选择堆放构件时垫木的位置,多层构件叠放时不得超过规范要求的层数与件数等。如图6-7～图6-10所示。

图6-7　叠合板堆放

图6-8　楼梯梯段堆放

图6-9　梁的堆放

图6-10　构件分类堆放示意

（3）生产车间、办公楼与宿舍楼消防安全管理

生产车间、办公楼与宿舍楼消防安全管理主要是指用电安全、防火安全。

依据《中华人民共和国消防法》《建设工程质量管理条例》《建设工程消防监督管理规定》（公安部第106号令）中的消防标准进行土建施工，合法合理地布置安装室外消防供水，室内消防供水系统，自动喷淋系统，消防报警控制系统，消防供电、应急照明及安全疏散指示标志灯，防排烟系统，满足公安机关消防验收机构的验收要求。

（五）安全培训形式

安全教育、培训可以采取多种形式进行。

①举办安全教育培训班，上安全课，举办安全知识讲座。

②在车间内的实地讲解，或者走出去观摩学习其他安全生产模范单位的PC生产线的安全生产过程。

③请安全生产管理的专家、学者进行PC构件安全生产方面的授课，请公安消防部门具体讲解消防安全的案例。

④在工厂内采取举办图片展、放映电视科教片、办黑板报、办墙报、张贴简报和通报、广播等各种形式，使安全教育活动更加形象生动，通俗易懂，使员工更容易理解和接受。

⑤采取闭卷书面考试、现场提问、现场操作等多种形式，对安全培训的效果进行考核。

不及格者再次学习补考,合格者持证上岗。

四、安全技术措施

通过采取安全技术措施,减少构件生产过程中的安全事故,保证人员健康安全和财产免受损失。

(一)一般安全生产要求

①新入场的工人必须经过三级安全教育,考核合格后,才能上岗作业;特种作业和特种设备作业人员必须经过专门的培训,考核合格并取得操作证后才能上岗。

②必须接受安全技术交底,并清楚其内容,生产中严格按照安全技术交底作业。

③按要求使用劳保用品;进入施工现场,必须戴好安全帽,扣好帽带。

④施工现场禁止穿拖鞋、高跟鞋和易滑、带钉的鞋,杜绝赤脚、赤膊作业,不准疲劳作业、带病作业和酒后作业。

⑤工作时要思想集中,坚守岗位,遵守劳动纪律,不准在现场随意乱窜。

⑥不准破坏现场的供电设施和消防设施,不准私拉乱接电线和私自动用明火。

⑦预制厂内应保持场地整洁,道路通畅,材料区、加工区、成品区布局合理,机具、材料、成品分类分区摆放整齐。

⑧进入施工现场必须遵守施工现场安全管理制度,严禁违章指挥,违章作业;做到"三不伤害":不伤害自己,不伤害他人,不被他人伤害。

(二)预制构件厂生产安全技术措施

①进入车间生产区域的安全规定,如图 6-11 所示。

②生产用电安全标识牌,如图 6-12 所示。

③生产机械设备的安全使用规定。

④现场消防具体措施。

⑤预防有毒、有害、易燃、易爆等作业造成危害的安全技术措施,如图 6-13 和图 6-14所示。

图 6-11　进入车间生产区域的
　　　　　安全规定

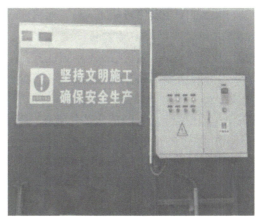

图 6-12　生产用电安全标识牌

图 6-13　易燃易爆品单独存放　　　图 6-14　车间内消防设施

(三)安全技术交底

进行安全技术交底可以让一线作业人员了解和掌握该作业项目的安全技术操作规程和注意事项,减少因违章操作而导致事故的可能。安全技术交底的主要内容有:

①车间生产工作的作业特点和危险点。

②针对危险点的具体预防措施。

③应注意的安全事项。

④相应的安全操作规程和标准。

⑤发生事故后应及时采取的避难和应急措施。

(四)构件转运和运输

混凝土预制构件质量大,其转运、运输需要用起重机、吊车、重型卡车等大型运输器械。此类作业属高危作业,需要有完善的措施保证吊装运输安全。

(五)吊装运输作业的注意事项

①起重吊装人员属于特种作业人员,必须经地方政府安全监督行政主管部门培训考试合格,取得特种作业操作资格证,才能上岗作业。

②操作人员必须严格遵守设备安全操作规程,严禁违章作业。作业前,操作人员必须对机械和电器设备、操作系统、吊具、绳索进行认真的检查,查看是否存在安全隐患,并进行空车试运行,确认无误后才能进行吊装作业。

③指挥人员要与吊车工配合并保证构件平稳吊运,整个过程不允许发生磕碰且构件不允许在作业面上空行走,严禁交叉作业。

④每班作业完毕,应切断设备电源,起吊工具、工装、钢丝绳等使用过后要存放在指定位置,妥善保管,定期检查,并按规定对设备进行保养。

(六)构件运输过程的安全要求

由于构件是在工厂内制作的,如何将这些构件安全保质地运到施工现场是一道至关重要的环节。构件装车要牢固(见图 6-15),构件运输要合理组织,见图 6-16 ~ 图 6-18,保证构件安全运输到现场。

图 6-15 构件装车

图 6-16 预制板类运输示意图

图 6-17 预制墙板运输示意图

图 6-18 预制楼梯运输示意图

1. 运输过程安全控制

预制构件运输宜选用低平板车,并采用专用托架,构件与托架绑扎牢固。预制混凝土梁、叠合板和阳台板宜采用平放运输;外墙板、内墙板宜采用竖直立放运输。柱可采用平放运输,预制混凝土梁、柱构件运输时平放不宜超过 2 层。搬运架、车厢板和预制构件间应设置柔性材料,构件应用钢丝绳或夹具与靠放架紧固,构件边角或锁链接触部位的混凝土应采用柔性垫衬材料保护。

2. 装运工具要求

装车前转运工应先检查钢丝绳、吊钩吊具、墙板靠放架等各种工具是否完好、齐全。确保挂钩没有变形,钢丝绳没有断股开裂现象,确定无误后方可装车。吊装时按照要求,根据构件规格型号采用相应的吊具进行吊装,不能有错挂、漏挂现象。

3. 运输组织要求

进行装车时应按照施工图纸及施工计划的要求组织装车,注意将同一楼层的构件放在同一辆车上,装车时注意不要发生磕碰构件等不安全事件。

4.车辆运输要求

（1）运输路线要求

超宽、超高、超长构件在某些路线上可能无法运输,选择运输路线时,应综合考虑运输路线上桥梁、隧道、涵洞限高和路宽等制约因素。运输前应提前选定至少两条运输路线以备不可预见的情况发生。根据道路长度、弯道情况、车流量等情况综合比较后选择最优运输线路。

（2）构件车辆要求

运输时除应遵守交通法规外,重车速度最高不得超过 40 km/h,转弯和经过十字、丁字路口时限速 10 km/h;雨雪及大雾天气空车、重车均限速 20 km/h,转弯和经过十字、丁字路口时限速 5 km/h。夜间无路灯路段、无交通信号的路口,减速慢行,注意瞭望,限速 25km/h。途径危险路段(铁道路口、桥洞、交叉路口、弯道、陡坡、隧道、立交桥转弯处、市区及人流量大的地方)按最高速度减低 10~20 km/h。

（3）构件运输过程

为保证预制构件不受破坏,应该严格控制构件运输过程。预制墙板运输过程中,车上应设有专用架,且用钢绳拉结预制构件,如图 6-19 所示。叠合板、楼梯运输时,用木方间隔,且木方必须做到上下同心,途中转弯及路面不平整路段须留意构件稳定状态。构件运输到现场后,应按照型号、构件所在部位、施工吊装顺序分类存放,存放场地应平坦开阔。

图 6-19　运输钢绳固定措施

五、安全控制

(一)安全隐患点控制

①高模具、立式模具的稳定。

②立式存放构件的稳定。

③存放架的固定。

④外伸钢筋醒目提示。

⑤物品堆放防止磕绊的提示。

⑥装车吊运安全。

⑦电动工具安全使用。

(二)机械控制

机械控制包括施工机械设备、工具等控制,根据不同工艺特点和技术要求,选用匹配的合格机械设备是确保工程质量的关键;要正确使用、管理和保养好机械设备。为此,要健全"人机固定"制度、"操作证"制度、"岗位责任"制度、"交接班"制度、"技术保养"制度、"安全使用"制度、机械设备检查制度等,确保机械设备处于最佳使用状态。

(三)环境控制

影响施工项目质量的环境因素较多,有工程技术环境、工程管理环境,如质量保证体系、质量管理制度等;劳动环境,如劳动组合、作业场所、工作面等。前一工序往往就是后一工序的环境,前一分项、分部工程也就是后一分项、分部工程的环境。因此,根据工程特点和具体条件,应对影响质量的环境因素采取有效的措施严加控制。尤其是施工现场,应建立文明施工和文明生产的环境,保持预制构件部品有足够的堆放场地,其他材料工件堆放有序,道路畅通,工作场所清洁整齐,施工程序井井有条,为确保质量、安全创造良好条件。

任务三　文明施工及环境保护和职业健康安全

一、文明生产准备

①在保证劳保用品没有破损的情况下穿戴整齐,正确遵循安全文明生产手册内容进行生产。

②对于预制构件生产线、搅拌站、行车等机械设备进行维护保养,使其处于完好状态。

③对于搅拌站、布料机、养护库等有电脑程序计量的设备应该进行精确调试,保证其计量的准确。

④组织产前培训,管理人员应该学习有关规范和标准,对班组进行技术交底和安全教育,专业工种应该通过年审持证上岗。

⑤生产施工前对设备进行检查,如存在安全隐患,及时报备进行维修,避免在施工过程中发生安全事故。

二、文明施工

文明施工是指保持生产现场良好的作业环境、卫生环境和工作秩序。因此,文明施工也是环境保护的一项重要措施。

(一)文明施工的基本要求

文明施工是工厂保持施工场地整洁、卫生的一项施工活动。

文明施工管理包括安全管理、绿色施工、施工生活和办公区管理、安全生产技术等。一流的施工企业,除了要有一流的质量、一流的安全外,还必须具有一流的文明施工现场。搞好现场的文明施工对于提升企业形象有重要意义。全面加强施工现场文明施工管理,应当做到施工现场围挡、大门、标牌标准化,材料码放整齐化(按照现场平面布置图确定的位置集中、整齐码放),安全设施规范化,生活设施整洁化,职工行为文明化,工作生活秩序化。工程施工要做到工完场清、施工不扰民、现场不扬尘、运输无遗撒、垃圾不乱弃,努力营造良好的施工作业环境,使施工现场成为干净、整洁、安全和环保的文明厂区,如图6-20所示。

图6-20 PC构件生产厂实景

(二)文明施工的工作内容

制定并严格执行以下文明施工措施和规范,设立专职文明施工现场管理小组责任人,24小时管理以下主要内容:

①现场环境卫生管理。

②噪声防护处理。

③秋冬物燥防火(如果现场附近多山和树木,更注意周围环境的防火)。

④周围环境卫生打扫、冲洗、喷水、降尘。

⑤及时清理排污沟淤泥。

(三)预制构件厂文明施工的主要要求

①厂区实行封闭式管理,大门、围墙等要完整、美观,材质符合规定。

②厂区内设置入场须知标牌,平面布置图布置合理,与厂区实际相符。如图6-21所示。

入 场 须 知

限速5km/h

禁止放易燃物

1. 外来人员必须遵守本公司的一切安全规章制度及各类警告标识。

2. 外来人员进入场区必须在门卫室登记，经公司同意后由相关部门人员接待入场。

3. 外来人员进入场区参观，必须有本场人员陪同，未经允许，不得在场区内拍照。

4. 外来人员进入场区严禁随地吐痰、乱扔垃圾或杂物。

5. 公司生产区域严禁吸烟，严禁私自携带易燃易爆品进入场区。

6. 严禁酒后进入场区，不准穿拖鞋、打赤膊进入场区。

7. 外来人员进入场区严禁随意开启和动用各种机械设备及各类消防器材。

8. 外来车辆进出场区一律自觉到门卫室登记并接受检查；场区内行驶时速不得超过5公里/小时；外来车辆未经允许一律不得入场，经允许进入的外来车辆必须按指定线路行驶、停放且禁止在场区内鸣笛。

9. 外来施工、装卸车、维修等单位及外来人员未经允许不得将车辆开入场区。

10. 外来施工单位及人员因违反《安全生产法》《消防法》造成安全生产责任事故或火灾事故，本公司将依法追究其经济和法律责任，并接受本公司安全管理人员的监督检查。

11. 凡不遵守本公司规定的外来人员及车辆，公司警卫人员有权拒绝放行，对无理取闹、肢体动作或恶语攻击警卫人员的，警卫人员可通知行政部或报公安处理。

禁止吸烟

禁止烟火

禁止燃放鞭炮

禁止拍照

注意安全

禁止带火种

图 6-21　厂区入场须知标牌

③厂区内主要道路必须经过硬化处理，要平整、坚实、畅通，排水措施良好。

④料场材料分类集中堆放，设置标识牌，定期清扫，并采取防止扬尘措施。

⑤车间材料要分类码放，设置标识牌，严格控制码放高度，并认真按照平面布置图存放。

⑥成品和半成品分类、分区域码放整齐，设置标识牌，不得随意堆放。如图6-22所示。

图6-22　成品、半成品分区域码放

⑦剩余料具、包装材料要及时回收,堆放整齐并及时清运。

⑧材料随用随取,不留底料,要做到工完料净脚下清,工具、器具按规定存放,不得随意放置。

⑨厂区应节约用水、用电,消除"长流水"和"长明灯"等浪费资源的现象。

⑩将生产区域和生活区域进行明确划分,划分对应责任区,明确责任人。

(四)现场文明施工管理规定

1. 室内施工场地

①室内的主要通道、楼梯间必须通畅,有足够的照明;无积水、无泥浆、无高空向下抛撒垃圾现象,如图6-23所示。

图6-23　PC构件生产厂内景

②临时施工杂物、垃圾按规定的区域堆放并定时清运;搅拌砂浆必须有容器或垫板,施工完场地要清净,丢洒在楼梯、楼板的砂浆混凝土要及时清扫。

③在车间内垃圾随时处理,保持场容整洁。定期对场地卫生清洁检查,清疏沟渠、积水,定期灭蚊。

④每天由专人打扫、清理公共生活场所卫生,厨房卫生制度必须张贴上墙。设卫生责任人,有卫生检查记录。

⑤建立文明生产责任人制度,加强对工人宣传教育工作,在工厂内张贴宣传标语,施工、生活污水要经过滤池及砂井才排放入市政管道。

2. 施工现场

①办公室内要有各岗位责任制制度、施工平面布置图、施工进度计划表等张贴上墙,要求内容清晰、图示内容与实物相符,随施工不同阶段及时进行调整。

②根据工厂总平面布置图,按规划堆放建筑材料、构件、料具并给予标识。易燃易爆物品分类堆放并给予标识。

③施工场地张贴安全标语及环境标语。在施工现场的醒目位置设有相关的安全警示标志,人员进入施工现场必须戴安全帽,加强宣传教育工作。

④对施工人员进行文明施工交底,禁止外来人员随便进出施工场地,杜绝影响施工人员正常工作。

⑤制定消防制度,禁止在车间吸烟,配置消防设施,按照要求办理动火手续。

⑥制定保健急救措施,落实现场配置措施。

⑦落实防尘、防噪声措施。

⑧开展创办文明工厂,树立企业良好形象活动,争创城市文明施工模范企业。

（五）文明生产

车间文明生产,是指车间职工在一个既有良好而愉快的组织环境,又有合适而整洁的生产环境中劳动和工作。其内容主要包括执行厂纪厂规,抓好劳动纪律;合理组织,均衡协调生产;严格工艺纪律,贯彻操作规程;优化工作环境,改善生产条件;按标准化作业,规范工作秩序;协调人际关系,上下合理衔接等。

1.执行厂纪厂规,抓好劳动纪律

厂纪厂规是企业根据国家的法令而制定的行政规章制度,具有强制性和约束力。劳动纪律是厂纪厂规的重要组成部分,其主要特征是要求每位职工都能按照规定的时间、程序和方法完成自己承担的任务,以便保证生产过程有步骤地进行,使企业的各项任务得以顺利完成。为了优化其生产组织环境,车间管理人员首先应该以身作则、带头执行,再要求车间工人严格遵守。

2.合理组织,均衡协调生产

均衡生产通常是指企业及其各个生产环节(车间、工段、班组)在每个相等的时间(旬、周、月)内,都能按照计划进度完成相等的或递增的工作量,并根据其量、品种和质量标准,均衡地完成计划规定的任务。

3.严格工艺纪律,贯彻操作规程

严格执行工艺纪律,认真贯彻操作规程,是保证产品质量的重要前提。它也是帮助职工掌握生产技术,使企业建立正常的生产秩序和提高产品质量的重要保证措施。

4.优化工作环境,改善生产条件

车间生产环境内的温度、湿度、含尘量、噪声干扰和采光通风等都要做到合乎人体健康的需要和适合生产的需要,应当考虑调和工具箱(柜)与机器的色彩,同时还应要求每个职工养成良好的卫生习惯,爱护环境卫生,不随地吐痰,不乱扔烟头、纸屑和其他杂物,垃圾废品送往指定的地点等。

5.按标准化作业,规范工作秩序

标准化作业是文明生产的核心。日常的管理工作要有据可查、有标准可依,管理工作标准化是组织和管理企业生产经营活动的依据以及手段。按照标准化要求从事文明生产工作,使企业的各项工作规范化、秩序化、科学化。

6.协调人际关系,上下合理衔接

整个生产经营活动过程自始至终离不开协作和分工。各个工序之间上下左右衔接、人际关系融洽,认真负责地对待用户或下道工序的信息反馈和对工作质量提出的要求。

三、环境保护

（一）环境保护的目标

①加强生产过程中废水、废气、扬尘、噪声、固体废物废渣的排放和控制。

②尽量少占耕地，临时用地要注意节约土地，防止水土流失，减少对周围自然环境和社会环境的破坏和影响。

③机械设备选型要符合环境保护要求，首选低噪声、低振动、低排放的节能型机械设备，禁止使用淘汰型产品、设备。

④合理利用资源、能源，推广清洁生产工艺，优先采用国家推广的环境保护技术和产品，全过程控制污染源。

⑤提高水的利用率，降低单位产品的耗水量，节约水资源；

⑥固体废物应分类收集、综合利用和无害化处理，不得随意处置。

（二）环境保护保证体系

制定环境保护制度，加强环境保护基础工作，加强监督检查，落实各项工作责任制，形成环境保护保证体系，实现环保目标，如图 6-24 所示。

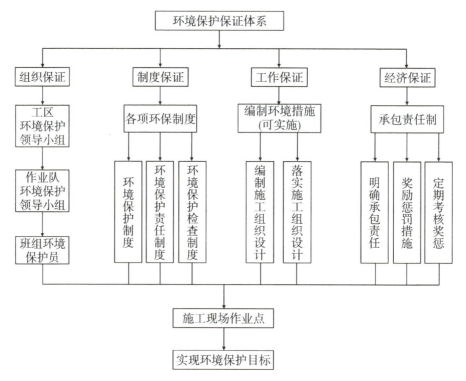

图 6-24　环境保护保证体系

（三）主要污染源分析

工厂施工现场主要污染源包括粉尘、噪声、废水、废气和固体废物。

1.粉尘

①切割及打磨金属、木材、石材等材料。

②楼板、墙壁孔(洞)作业、刨沟槽作业。

③搬运、使用、倾倒粉质材料。

④室内场地扬尘。

⑤露天场地、道路风沙、扬尘。

⑥电焊产生的烟尘等。

⑦使用玻璃纤维保温时产生尘屑。

2.噪声

①切割、打磨、打凿、敲打等。

②使用行车、弯箍机、网片机、棒材机、大型搅拌机、空压机、射钉枪、冲击钻、电钻、风镐等。

③安装或装修以及装嵌时的重力敲打等。

3.废水

①机械加工、切割、打磨作业。

②管道清洗作业。

③清洗场地、工具。

④混凝土外加剂。

⑤生活污水排放等。

4.废气

①油漆作业。

②墙体涂料作业。

③风、电焊作业。

④其他化学危险品使用。

⑤柴油发电机发电等。

5.固体废物

1)按类别分,包括:

①施工垃圾;

②生活垃圾。

2)按性质分,包括:

①可重复利用的;

②可再生利用的;

③不可回收的。

(四)预制构件生产过程中污染的防治措施

预制构件生产过程中的污染主要包括对施工厂界内的污染和对周围环境的污染。构件制作对周围环境的污染防治是环境保护的范畴,而对厂界内的污染防治属于职业健康范畴。

预制构件生产环境保护措施主要包括大气污染的防治、水污染的防治、噪声污染的防治、固体废物的处理以及文明生产等。

1. 大气污染的防治

预制构件厂的生产通常是在封闭的室内环境进行,对大气环境影响较小。防治措施主要有:

①水泥、砂子、粉煤灰等细颗粒散体材料的存储应做好遮盖、密封,减少扬尘。

②厂区道路应指定专人定期洒水清扫,减少道路扬尘。

③预制构件厂搅拌站应封闭,并在进料仓上方安装除尘装置,采取有效措施控制厂区粉尘污染。

2. 水污染的防治

生产过程中水污染的防治措施主要有:

①搅拌站废水经过砂石分离后,可通过三级沉淀池循环利用或排放;模台冲洗的污水、养护废水必须经沉淀池沉淀,检测合格后排放,也可用于厂区道路洒水降尘或采取措施回收利用。如图6-25、图6-26所示。

图6-25 搅拌站砂石分离机

图6-26 三级沉淀池

②现场存放油料,必须对库房地面进行防渗处理,如采用防渗混凝土地面、铺油毡等措施。使用时,要采取防止油料跑、冒、滴、漏的措施。

③厂区食堂的污水排放应设置有效的隔油池,定期清理,防止污染。

④厂区化粪池应采取防渗漏措施,可采用一体式成品化粪池。

⑤化学用品、外加剂等要妥善保管,库内存放,防止污染环境。

3.噪声污染的防治

根据现行国家标准《工业企业厂界环境噪声排放标准》(GB 12348)的要求,对构件厂生产过程中厂界环境噪声排放限值见表6-4。

表6-4　工业企业厂界环境噪声排放限值　　　　　　　　　　　　单位:dB(A)

厂界外声环境功能区类别	时段	
	昼间	夜间
0	50	40
1	55	45
2	60	50
3	65	55
4	70	55

注:"昼间"是指6:00至22:00之间的时段,"夜间"是指22:00至次日6:00之间的时段。

噪声控制技术可从声源、传播途径、接收者防护等方面来考虑,控制措施和途径主要有:

(1)声源控制

尽量采用低噪声的设备和加工工艺,如低噪声振捣器、风机、电动空压机、电锯等。

在声源处安装消声器,即在通风机、鼓风机、压缩机、燃气机、内燃机及各类排气放空装置等进出风管的适当位置设置消声器。

(2)传播途径的控制

吸声:使用吸声材料或采用吸声结构形成的共振结构,降低噪声。

隔音:使用隔音结构,阻碍噪声向空气中传播,将接收者与噪声声源分隔。隔音结构包括隔音室、隔音罩、隔音屏障、隔音墙等。

消声:使用消声器阻止传播,如将空气压缩机、内燃机设置在消声降噪室内等。

减振降噪:对来自振动引发的噪声,可通过降低机械振动减小噪声,如将阻尼材料涂在振动源上,或改变振动源与刚性结构的连接方式等。

(3)接收者的防护

让处于噪声环境下的人员使用耳塞、耳罩等防护用品,减少相关人员在噪声环境中的暴露时间,以减轻噪声对人体的危害。

进入生产车间后不得高声喊叫,无故敲打模台、模板,乱吹哨,限制高音喇叭的使用,鼓励对讲机的使用,最大限度地减少噪声扰民。

厂房车间附近有居民时,须严格控制强噪声作业时间,避免晚10时到次日早6时之间进行强噪声作业。确是特殊情况必须夜班生产时,尽量采取降低噪声措施,并找当地居委会、村委会协调,请群众谅解。

4. 固体废物的处理

固体废物处理的基本思想是:采取资源化、减量化和无害化处理,对固体废物产生的全过程进行控制。固体废物的主要处理方法有:

(1)回收利用

回收利用是对固体废物进行资源化的重要手段之一。预制构件厂在加工过程中仍会有一些钢材因规格成为废物,可以将其用到线盒固定、特殊模具制作中。最终无法使用的仍可转交资源回收单位进行回收利用。

(2)减量化处理

减量化是对已经产生的固体废物进行分选、破碎、压实浓缩、脱水等减少其最终处置量,降低处理成本,减少对环境的污染。在减量化处理的过程中,也包括与其他处理技术相关的工艺方法,如焚烧、热解、堆肥等。

(3)稳定和固化处理

稳定和固化处理是利用水泥、沥青等胶结材料,将松散的废弃物胶结包裹起来,减少有害物质从废弃物中向外迁移、扩散,减少废弃物对环境的污染。

(4)填埋

填埋是将固体废物经过无害化、减量化处理的废弃物残渣集中到填埋场进行处置。禁止将有毒有害废弃物现场填埋,填埋场应具有天然或人工屏障。尽量使需处置的废弃物与环境隔离,并注意废物的稳定性和长期安全性。

(五)预制装配式施工现场环境保护措施

1. 有害物质的存放和处理

①施工剩余的橡胶、塑料等下脚料,要统一回收作废旧物资处理,不得焚烧、掩埋,不得与土渣等建筑垃圾混在一起丢弃。

②汽油、机油、稀料、油漆等易燃、易爆、易挥发的材料,要妥善保管,防止泄漏、外流,对环境造成污染。

2. 废碴的处理

①在施工现场设建筑废碴临时存放点,然后用密封完好的自卸汽车运至弃碴场。严禁占用道路、空地等非计划内地点存放废碴。

②运碴车辆完好,噪声控制、废气排放、车辆外形等指标符合有关规定。

3. 污水处理

①生活污水的处理。生活区均要建设公用厕所,厕所污水排入化粪池。

②冲洗汽车的水的主要污物为泥砂,不得直接排放,必须排至澄清池内,充分澄清后达标排放。

4. 垃圾处理

①生产前与市、区环卫部门取得联系,申报建筑垃圾、生活垃圾的类型、排放数量、处置方法和处置地点,取得批准。特殊原因需要改变垃圾处置计划时,必须重新申报批准。

②严格执行环卫部门的有关规定,按经批准的垃圾处置计划进行处理,不得私自随意处理垃圾。

③生活区设置垃圾箱,生活垃圾集中存放,经常消毒杀菌灭蝇,定期清运。

④建筑垃圾必须按规定的位置临时存放,不得随意占用城市道路、空地,存放地四周要设有遮挡,刮风、下雨时有防尘、防污水外流措施。建筑垃圾要及时清运,装车、运输过程中要保持清洁,严禁沿路抛撒。

5. 噪声和振动的控制

施工期间,应控制噪声对环境的影响,主要的噪声来源是施工机械等。采取的控制措施为:

①施工场界噪声按《建筑施工场界环境噪声排放标准》(GB 12523)的要求进行控制。

②采取措施,保证在各施工阶段尽量选用低噪声的机械设备和工法。并且在满足施工要求的条件下,尽量选择低噪声的机具。

③噪声超标时一定采取措施,并按规定缴纳超标准排污费。对超标造成的危害,要向受此影响的组织和个人给予赔偿。

④确定施工场地合理布局、优化作业方案和运输方案,施工安排和场地布局要尽量减少施工对周围居民生活的影响,减小噪声的强度和敏感点受噪声干扰的时间。

⑤研究和改进施工工艺,尽量选用产生噪声和振动较小的施工方法。

6. 地下水污染的控制

①认真执行国家、地市环境保护法规、条例,施工过程中注意对地下水的保护,防止生活、施工污水和垃圾对地下水造成污染。严格控制饮用水源周围环境,水源周围作为环境保护和控制的重点,进行重点监控和管理。

②生活区应有公共卫生设施,所有生活污水、粪便、垃圾收集后集中存放和处理。生活污水中有机物质含量高,含有大量致病菌和悬浮物,但一般不含有毒物质,采用一级处理系统对生活污水进行处理。现场设置的厕所、浴室、食堂排水系统,必须经过卫生和环保部门的检查批准。固定厕所设化粪池,移动厕所设收集装置,安排专人维护厕所清洁,定期消毒灭菌。

③加强对有毒有害物质的存放、保管、使用管理,使用后剩余的应收集处理,严禁乱丢乱弃,或随意倒入地表土壤、城市排水系统。

④生活垃圾和施工垃圾要及时清运处理,防止垃圾腐败变质,雨季污水漫流,造成对环境和地下水的污染。

7. 尘污染控制

尘的主要污染来源有运输、开挖、燃油机械等。

采取的控制措施有:

①对易产生粉尘、扬尘的作业面和装卸、运输过程,制定操作规程和洒水降尘制度,在旱季和大风天气适当洒水,保持湿度。工厂设专管人员,采取各种措施使工地不出现扬尘现象,采取向引起扬尘的土方、粉煤灰、地面及时洒水等措施。

②合理组织施工,优化工地布局,使产生扬尘的作业、运输尽量避开敏感点和敏感时段(室外多人群活动的时候)。

③构件浇筑使用商品混凝土,避免场地内拌制混凝土。水泥等易飞扬细颗粒散体物料应尽量安排库内存放,堆土场、散装物料露天堆放场要压实、覆盖。

④选择合格的运输单位,采用密闭车型,保证运输过程不散落。运输车辆应遵照公安部门的规定,车辆封闭措施按照城管部门要求制作。

四、职业健康安全

为保障工厂生产人员的身体健康和生命安全,改善生产人员的工作环境和生活环境,防止生产过程中各类疾病的发生,预制构件厂应加强职业病预防和卫生防疫工作。

(一)职业病的预防

生产车间内模台振动时会产生巨大的噪声,会对劳动者听力造成损害;电焊作业时的弧光和烟尘对劳动者视力和呼吸系统造成损害;车间的混凝土细小尘土颗粒会对劳动者呼吸系统造成损害。具体的危害情况和预防措施见表6-5。

表6-5 职业病危害情况和预防措施

序号	致病因素	可能发生职业病的种类	预防措施
1	模台振动	手臂振动病	穿戴防振手套、防振鞋等个人防护用品,降低振动危害程度,超过规定时按标准缩短振动时间
2	电弧光辐射	电光性眼炎	提高防护意识,配备劳动防护用品
3	电焊粉尘	尘肺	加强通风,提高防护意识,配备劳动防护用品
4	混凝土浮尘	尘肺	加强通风,使用除尘系统,提高防护意识,清扫,配备劳动防护用品

1.噪声危害防护措施

①控制声源:采用无声或低噪声设备代替强噪声的机械设备。

②控制声音传播:材料采用吸声材料或采用吸声结构吸收声能。

③个体防护:佩戴耳塞、耳罩、帽盔等防护用品。

④健康监护:进行岗前健康体检,定期进行岗中体检。

⑤合理安排作息:适当安排工间休息,休息时离开噪声环境。

可以在作业场所布置职业病危害告知卡,如图6-27所示。

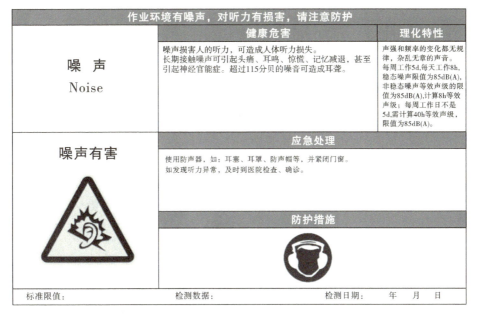

图 6-27　职业病危害告知卡

2.电焊弧光危害防护措施

①焊工必须使用镶有特制护目镜片的面罩或头盔,穿好工作服,戴好防护手套和焊工防护鞋。

②多台焊机作业时,应在焊机之间设置不可燃或阻燃的防护屏。

③采用吸收材料作为室内墙壁饰面所用材料以减少弧光的反射。

④保证工作场所的照明,消除因焊缝视线不清造成焊接人员操作时先点火后戴面罩的情况发生。

⑤改革工艺,变手持焊为自动或半自动焊,使焊工可在远离施焊地点作业。焊接弧光辐射危害如图 6-28 所示。

图 6-28　焊接弧光辐射危害

3.电焊烟尘危害防护措施

①改善作业场所的通风状况,焊接人员在封闭或半封闭结构内焊接时,必须有机械通风措施。

②加强个人防护,焊接人员必须佩戴符合要求的防尘面罩或口罩。

③强化职业卫生宣传教育,促使操作人员能自觉遵守职业卫生管理制度,做好自我保护。

④加强岗前、岗中职业健康体检及作业环境监测,做到提前预防和控制职业病。

⑤提高焊接人员焊接技术,改进焊接工艺和材料。

4.粉尘危害防护措施

①操作人员必须佩戴符合要求的防尘面罩或口罩。

②按时、按规定对操作人员身体状况进行定期检查。

③对除尘设备定期维护和检修,确保除尘设施运转正常。

④作业场所禁止人员饮食、吸烟。

降低粉尘危害的有效手段是通风,也可张贴提示标语,如图6-29所示。

图6-29　职业健康安全提示标语

(二)职业健康安全卫生的要求

预制构件厂职业健康安全卫生主要包括员工宿舍、员工食堂、厕所等场所卫生管理。

①厂区应设置办公室、宿舍、食堂、厕所、淋浴间、开水房、文体活动室、密闭式垃圾站及盥洗设施等。

②工厂应根据法律、法规的规定,制订工厂的公共卫生突发事件应急预案。

③厂区应配备常用药品及绷带、止血带、颈托、担架等急救器材。

④厂区应设专职或兼职保洁员,负责卫生清扫和保洁。

⑤办公区和生活区应采取灭鼠、蚊、蝇、蟑螂等措施。

⑥工厂应结合季节特点,做好作业人员的饮食卫生和防暑降温、防寒保暖、防煤气中毒、防疫等工作。

⑦厂区须建立健全环境卫生管理和检查制度,并应做好检查工作。

 习　题

一、填空题

1.＿＿＿＿＿＿＿＿就是识别危险源并确定其特性的过程。

2.预制构件厂的安全生产管理可按生产程序分为＿＿＿＿＿、＿＿＿＿＿两个环节。

3.＿＿＿＿＿＿＿＿＿是最基本的安全管理制度,是所有安全生产管理制度的核心。

4. ＿＿＿＿＿＿＿＿可以让一线作业人员了解和掌握该作业项目的安全技术操作规程和注意事项,减小发生因违章操作而导致事故的可能。

5. ＿＿＿＿＿＿＿是指保持生产现场良好的作业环境、卫生环境和工作秩序。

6. 构件预制生产过程中的污染主要包括＿＿＿＿＿＿＿、＿＿＿＿＿＿＿。

7. 进工厂的新员工必须经过＿＿＿＿＿＿＿、＿＿＿＿＿＿＿、＿＿＿＿＿＿＿的三级安全教育,考试合格后上岗。

8. ＿＿＿＿＿＿＿＿属于特种作业人员,必须经地方政府安全监督行政主管部门培训考试合格,取得特种作业操作资格证,才能上岗作业。

9. 为保障工厂生产人员的身体健康和生命安全,改善生产人员的工作环境和生活环境,防止生产过程中各类疾病的发生,预制构件厂应加强＿＿＿＿＿＿＿和＿＿＿＿＿＿＿工作。

10. 生产车间内模台振动时会产生巨大的噪声,会对劳动者＿＿＿＿＿＿＿造成损害;电焊作业时的弧光和烟尘对劳动者＿＿＿＿＿＿＿和＿＿＿＿＿＿＿造成损害;车间的混凝土细小尘土颗粒会对劳动者＿＿＿＿＿＿＿造成损害。

二、问答题

1. 安全生产的意义是什么?

2. 预制构件厂安全生产工作的特点有哪些?

3. 安全教育培训的重要性有哪些?

4. 安全技术交底的主要内容有哪些?

项目六习题答案

项目七 工程案例

案例一 装配式总承包施工组织设计

一、编制依据

本产业化施工组织设计的编制依据见表7-1。

表7-1 编制依据

序号	类别	文件名称	编号
1	国家标准	《建筑施工脚手架安全技术统一标准》	GB 51210—2016
2		《装配式混凝土建筑技术标准》	GB/T 51231—2016
3		《装配式建筑评价标准》	GB/T 51129—2017
4		《混凝土结构工程施工规范》	GB 50666—2011
5		《建筑装饰装修工程质量验收标准》	GB 50210—2018
6		《建筑节能工程施工质量验收标准》	GB 50411—2019
7	行业规范	《装配式混凝土结构技术规程》	JGJ 1—2014
8		《钢筋套筒灌浆连接应用技术规程》	JGJ 355—2015
9		《建筑施工工具式脚手架安全技术规范》	JGJ 202—2010
10		《钢筋机械连接技术规程》	JGJ 107—2016
11	地方规范标准	《预制混凝土构件质量控制标准》	DB11/T 1312—2015
12		《装配式混凝土结构工程施工与质量验收规程》	DB11/T 1030—2021
13		《扣件式和碗扣式钢管脚手架安全选用技术规程》	DB11/T 583—2022
14		《装配式剪力墙住宅建筑设计规程》	DB11/T 970—2013
15		《建筑结构长城杯工程质量评审标准》	DB11/T 1074—2014
16		《绿色施工管理规程》	DB11/T 513—2015

续表 7-1

序号	类别	文件名称	编号
17	图集	《装配式混凝土剪力墙结构住宅施工工艺图解》	16G906
18		《预制混凝土外墙挂板》	08SG333、08SJ110-2
19		《预制钢筋混凝土阳台板、空调板及女儿墙》	15G368-1
20		《装配式混凝土连接节点构造》	15G310-1、15G310-2
21		《预制混凝土剪力墙外墙板》《预制混凝土剪力墙内墙板》	15G365-1、15G365-2
22	设计文件	0712 装配式阶段性图纸	
23		设计深化图纸	
24		201809 版蓝图	
25	其他	××××02、09、11 地块总承包工程施工组织总设计	

二、工程概况

（一）总体简介

本工程建设概况见表 7-2。

表 7-2　建设概况表

工程名称	××住宅楼	工程性质	新建工程
建设规模	166437 m²	工程地址	××市××路东侧
总占地面积	47258.63 m²	总建筑面积	166437 m²
建设单位	××置业有限公司	资金来源	自筹
设计单位	××设计院有限公司	合同要求　质量	中原杯
勘察单位	××勘察设计研究院有限公司	工期	合同工期
监理单位	××建设工程管理有限公司	安全	绿色安全样板工地
总承包单位	××建筑工程有限公司		
安全监督单位	××建设工程安全监督站	质量监督单位	××建设工程质量监督站

续表 7-2

工程主要功能或用途	住宅、车库
项目承包范围	建筑、结构、水、暖、电气、室外工程等
主要分包工程	抗浮锚杆、防水工程、门窗工程、弱电工程、消防工程等

(二)建筑设计简介

1.建筑概况

本工程共包含 B1#、B2#、B3#、B4#、C1#、C2#、C3#、C4#、D1#、D2#、D3#、D4#、E1#、E2# 共 14 栋单体建筑。

2.装配式混凝土剪力墙结构施工情况概况

本项目为装配式混凝土剪力墙结构,预制率为 40%,装配率为 50%,预制构件包括预制外墙板、预制内墙板、PCF 外墙板、叠合板、预制楼梯、预制空调板。

叠合楼板厚度 60 mm;预制外墙板由 200 mm 内叶板+100 mm 挤塑聚苯板+60 mm 外叶板组成。

水平拼缝采用像塑棉封堵,外墙防水采用弹性防水材料、泡沫棒、耐候密封胶,本工程拟采用窗框一体化设计。

(三)结构设计简介

结构设计概况表见表 7-3,装配式概况表见表 7-4。

表 7-3   结构设计概况表

序号	项目	内容	
1	地基与基础形式	车库	筏板基础;厚度 400 mm
		住宅楼	筏板基础;厚度 500 mm、600 mm、800 mm
2	结构形式	结构体系	框架、剪力墙结构;地上装配式结构
		地基承载力/kPa	120、150
3	混凝土强度等级	基础垫层	C15
		基础	C30P8、C30P6
		地上装配式剪力墙、连梁	C30、C35、C40、C45
4	抗震设防	建筑结构安全等级	二级
		建筑抗震设防分类	丙类
		抗震设防烈度	8 度
		结构设计使用年限	50 年

续表 7-3

序号	项目	内容		
5	构件外伸钢筋类别	竖向筋	连接钢筋	⏀20、⏀16、⏀12
			非连接钢筋	⏀8、⏀12
		水平筋	墙身外伸水平钢筋	⏀8
			墙身套筒区外伸水平钢筋	⏀8
			墙身不外伸水平钢筋(闭口箍)	⏀8
		拉筋	墙身拉筋	Φ6
			套筒区墙身拉筋	Φ6
6	预制构件连接方式	剪力墙		钢筋套筒灌浆连接
		叠合楼板		板缝附加筋后浇混凝土
		预制楼梯		固定铰 C40 级 CGM 灌浆料+滑动安装砂浆封堵
7	楼梯形式	地下部分为现浇结构,地上为装配式结构		
8	内墙	轻质混凝土条板隔墙		
9	构件最大几何尺寸	WQC2-4529-2114-0814-15090×2880	重量/t	5.72

表 7-4 装配式概况表

房屋类型	楼栋号	高度/m	层数	层高/m	水平预制构件实施范围	竖向预制构件实施范围	预制楼梯实施范围	预制空调板
共有产权房	B1#、B2#	44.4	15	2.9	首层顶至顶层(不含屋面)	3F 至顶层	1F 至顶层	1F 至顶层
	B3#	18.3	6			1F 至顶层	2F 至顶层	
	B4#	15.4	5			1F 至顶层	2F 至顶层	
	C1#、C2#、D1#、D2#	26.9	9			2F 至顶层	1F 至顶层	
	C3#、C4#、D3#、D4#	26.9	9			2F 至顶层	2F 至顶层	

（四）装配式构件概况

本项目所有预制构件均由××有限公司××构件厂提供。

××有限公司××构件厂位于××市××区,距离本项目约 150 km,高速交通网密集,交通便利,2 小时即可抵达施工现场。预制构件厂总占地面积 10 万 m²,堆场 5 万 m²,年生产 PC 构件 20 万 m³。

（1）楼型分布:本工程一共 12 栋楼,共三种楼型。

楼型Ⅰ中的 B1#、B2#住宅楼 15 层,互为镜像;

楼型Ⅱ中的 B3#住宅楼 6 层,B4#住宅楼 5 层,C3#、C4#、D3#、D4#住宅楼 9 层;

楼型Ⅲ中 C1#、C2#、D1#、D2#住宅楼 9 层。

（2）预制构件数量统计

以 B1#住宅楼为例,预制构件统计表见表 7-5 ~ 表 7-7。

表 7-5 标准层竖向构件统计表

预制构件种类	预制构件编号	单个构件体积 /m³	单个构件重量 /t	数量/个	合计体积 /m³
外墙板	WQ-2529-1	1.83	4.58	1	
	WQC-1929-0614-1	1.22	3.05	1	
	WQ-2029-1	1.50	3.75	1	
	WQ-2529-2	1.83	4.58	1	
	WQC-2429-1517-1	1.08	2.69	1	
	WQ-1229-1	0.87	2.17	3	
	WQC-1729-0714	1.03	2.56	3	
	WQC-2529-3	1.83	4.58	3	
	WQ-2529-1F	1.83	4.58	1	
	WQC-1929-0614-1F	1.22	3.05	1	
	WQ-2029-1F	1.50	3.75	1	
	WQ-2529-2F	1.83	4.58	1	
	WQC-2429-1517-1F	1.08	2.69	1	
	WQ-1229-1F	0.73	2.17	3	

续表 7-5

预制构件种类	预制构件编号	单个构件体积 /m³	单个构件重量 /t	数量/个	合计体积 /m³
外墙板	WQC-1729-0714F	1.03	2.56	3	116.61
	WQ-2529-3F	1.83	4.58	3	
	WQ-2529-3F	1.83	4.58	3	
	WQC-2429-1517-1	1.22	3.03	3	
	WQC-3229-2317	1.41	3.53	3	
	WQC-2429-1517-2	1.14	2.85	1	
	WQC-2429-1517-3	1.16	2.90	1	
	WQC-2429-1514-1	1.26	3.15	1	
	WQC2-4529-2114-0814-1	2.30	5.74	3	
	WQC-2429-1514-2	1.32	3.31	1	
	WQC-2429-1514-3	1.34	3.35	1	
	WQC-2429-1517-1F	1.22	3.03	3	
	WQC-3229-2317F	1.41	3.53	3	
	WQC-2429-1517-2F	1.14	2.85	1	
	WQC-2429-1517-3F	1.16	2.90	1	
	WQC-2429-1514-1F	1.26	3.15	1	
	WQC2-4529-2114-0814-1F	2.30	5.74	3	
	WQC-2429-1514-2F	1.32	3.31	1	
	WQC-2429-1514-3F	1.34	3.35	1	
	WQ-1529	1.23	3.08	3	
	WQC-1929-0914	1.19	2.98	3	
	YL-1800+YCT-1800	0.52	1.30	3	
内墙板	NQ-2329	1.25	3.15	13	
	NQ-1629	0.84	2.12	3	
PCF 板	PCF1	0.25	0.51	16	
	PCF-4	0.21	0.39	3	

表 7-6　标准层水平构件统计表

预制构件种类	预制构件编号	预制构件数量	预制构件编号	预制构件数量	备注
叠合板	YB-9	3	YB-13F	3	
	YB-10	3	YB-14F	3	
	YB-11	3	YB-15A	3	
	YB-12A	3	YB-15B	3	
	YB-12B	3	YB-15C	3	
	YB-12C	1	YB-16A	3	
	YB-13	3	YB-16B	3	
	YB-14	3	YB-16C	1	
	YB-9F	3	YB-16D	1	
	YB-10F	3	YB-17	3	
	YB-11F	3	YB-15AF	3	
	YB-12AF	3	YB-15BF	3	
	YB-12BF	3	YB-15CF	3	
	YB-16AF	2	YB-18	3	
	YB-16BF	2	YB-19A	3	
	YB-17F	2	YB-19B	3	
	YB-20	3	YB-19C	3	
	YB-21	1	YB-18F	2	
	YB-22	1	YB-19AF	2	
	YB-19CF	2	YB-19BF	2	
	YB-20F	2	YB-24	1	
	YB-25A	1	YB-25B	1	
	YB-25C	1	YB-26A	1	
	YB-26B	1	YB-26C	1	
预制空调板	KTB-6	3	KTB-8D	1	
	KTB-7A	3	KTB-8E	1	
	KTB-7B	3	KTB-8G	1	
	KTB-8A	3	KTB-8H	1	
	KTB-8B	3	KTB-9	1	
	KTB-8C	3	KTB-6F	3	
	KTB-7AF	2	KTB-7BF	3	
	KTB-8AF	2	KTB-8BF	3	
	KTB-8CF	3			

表 7-7　各楼座预制构件数量统计

地块	楼号	水平预制构件数量	竖向预制构件数量
02 地块	B1#	1469	1339
	B2#	1469	1339
	B3#	707	451
	B4#	536	473
09 地块	C1#	963	824
	C2#	963	824
	C3#	980	632
	C4#	980	632
11 地块	D1#	963	824
	D2#	963	824
	D3#	643	505
	D4#	963	632

(五)预制构件的生产及运输

1.生产进度计划

预制构件供应总工期主要以确保现场施工进度为前提,合理地利用各项资源,采用合理的施工生产技术,保证施工工期。工厂拟计划在工程结构施工期间,至少提前 5 天完成构件生产并达到供应条件(相关楼层的预制构件),并按现场施工要求,至少提前 1 天将相关楼层的预制构件运至施工现场,配合现场结构施工,以减少施工现场构件堆放时间,保证现场施工有两层所需预制构件,一层吊装、一层备料。生产进度计划见表 7-8。

表 7-8　预制构件生产进度计划

序号	工作 生产工序安排	工期 时间(月) (天)	2018.11	2018.12	2019.3	2019.4	2019.5	2019.6	2019.7
1	深化设计深化设计	7天	▬						
2	模具配置计划与设计	15	▬						
3	外墙、内墙、叠合板、楼梯模具制作	30	▬▬						
4	构件材料准备	15	▬						
5	构件生产	165		▬▬▬▬▬▬▬▬					
6	入库管理	按照实际工期		▬▬▬▬▬▬▬▬					
7	构件运输	按照实际工期		▬▬▬▬▬▬▬▬					
合计　195天									

注:工厂预存构件2层、施工现场预存构件2层。现场卸料按顺序分类码放,浇筑混凝土时提前苫盖。

2. 生产工艺流程

预制构件生产工艺流程见图 7-1。叠合板生产工艺流程见图 7-2、楼梯生产工艺流程见图 7-3。

图 7-1　预制构件生产工艺流程图

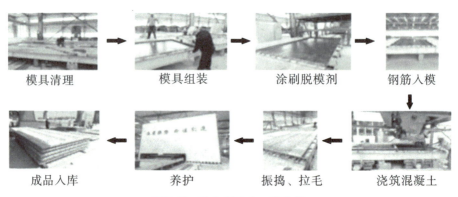

图 7-2　叠合板生产工艺流程

预制构件出厂前应完成相关的质量验收,验收合格的预制构件才可运输。构件运输前,与施工方沟通,确定施工现场的吊装计划,制定构件运输方案,包括配送构件的结构特点及重量、构件装卸索引图、选定装卸机械及运输车辆、确定搁置方法。

为加强工程质量控制,减少不合格产品,确保工程进度并提高整体质量水平,制订公司首件验收制度,由××××项目部、监理工程师、业主共同组成验收小组,依据首件验收的考核内容开展验收工作。

模具清理、涂刷脱模剂　　　钢筋骨架成形　　　模具组装

成品入库　　　养护　　　浇筑混凝土

图7-3　楼梯生产工艺流程

（1）技术准备

平板拖车（载重30 t，长宽12.3 m×2.5 m），见图7-4。

图7-4　运输车辆示意图

（2）构件验收

预制构件质量出厂检验，应按构件的观感质量、外形尺寸、预留预埋、结构性能和装饰偏差进行检验。不合格应集中存放处理，不得运输出厂。质量检验包括以下内容：

1）按《混凝土强度检验评定标准》（GB/T 50107）的规定，对预制构件混凝土强度检验评定。

2）隐蔽工程检查。预制构件生产过程中，应对各项隐蔽工程进行检查。检查记录和检验合格单应符合下列要求：

①预制构件的预埋套筒应进行通透性检查，确保无堵塞。全数检查。预制构件预埋

套筒如果不通透,会直接影响构件安装就位速度,影响灌浆施工质量,因此对套筒通透性应进行逐个检查,发现问题及时处理,以免影响工程质量和安装进度。套筒通透性检查不能采用注水方法,而应在灯光照射下观察和用钢丝进行通透性检查。

②预制构件上的预埋件、预留插筋、连接套管、预埋管线等的材料质量、规格和数量以及预留孔、预留洞的数量应符合设计要求。

3)构件外形尺寸允许偏差应符合设计要求。构件进场后,根据预制构件质量验收标准,进行逐块验收,包括外观质量、几何尺寸、预埋件、预留孔洞等,发现不合格予以退场。

预制构件进场后,对预制构件的外观质量进行检查,要求外观质量不得有严重缺陷,对露筋、疏松、夹渣等一般缺陷,按技术方案进行处理后,重新检查验收;对预制构件成品尺寸采用尺量检查;对预制板裂缝采用"刻度放大镜"进行检查,出现宽度大于 0.1 mm 的裂缝的构件按不合格品退场,不大于 0.1 mm 的裂纹需进行补修。

3. 预制构件运输实例

(1)预制墙板运输

装车时先在车厢底板上铺两根 100 mm×100 mm 的通长木方,木方上垫 15 mm 以上的硬橡胶垫或其他柔性垫,根据外墙板尺寸用槽钢制作人字形支撑架,人字形架的支撑角度控制在 70° ~ 75°。墙板在人字形架两侧对称放置,板与板之间需在 $L/5$ 处加垫 100 mm×100 mm × 100 mm 的木方和橡胶垫,以防墙板在运输途中因震动而受损。图 7-5 所示为预制墙板运输示意图。

图 7-5 预制墙板运输示意图

(2)预制叠合板运输

①预制叠合板采用叠层平放的方式运输,叠合板之间用垫木隔离,垫木应上下对齐,垫木长、宽、高均不宜小于 100 mm;

②板两端(至板端 200 mm)及跨中位置均设置垫木且间距不大于 1.6 m;

③不同板号应分别码放,码放高度不宜大于 6 层;

④叠合板在支点处绑扎牢固,防止构件移动或跳动,在底板的边部或与绳索接触处的混凝土,采用衬垫加以保护。

预制板类运输示意图如图 7-6 所示。

图 7-6　预制板类运输示意图

（3）预制楼梯运输

①预制楼梯采用叠合平放方式运输，预制楼梯之间用垫木隔离，垫木应上下对齐，垫木长、宽、高均不宜小于 100 mm，最下面一根垫木应通长设置；

②不同型号楼梯应分别码放，码放高度不宜超过 5 层；

③预制楼梯在支点处绑扎牢固，防止构件移动，在楼梯的边部或与绳索接触处的混凝土，采用衬垫加以保护。

预制楼梯运输示意图如图 7-7 所示。

图 7-7　预制楼梯运输示意图

（六）周边环境概况

本项目所在地北临××街、西临××街、东临××路，周围无既有建筑物。场地内共四个地块，其中东北角一个地块为××建筑公司施工现场。现场 02 地块±0 标高为 494.300 m；09 地块±0 标高为 493.200 m；11 地块±0 标高为 492.500 m。

地下无障碍物，工地北侧围挡外有一排杨树，西侧围挡外有一片树林，工地周边无高压线。

三、绿色施工部署

1. 工业建筑节水

PC 构件产生过程中严格控制用水量,按照设计标准 1:1 进行配合比计算,然后使用计算结果中的用水量,从而避免了传统施工中混凝土过稀、过干等质量弊病。工厂制造机械化,生产一体化,产品质量有专业监督机构监督,材料全部来自工厂机械化加工,未经现场恶劣环境破坏等。现场施工没了需要湿润的砖墙,没了搅拌站,降低了现场 80% 的湿作业操作,大大节约了宝贵水资源,降低了建筑污水的排放。

2. 工业建筑节地

在传统施工过程中,大批量建筑材料堆满了整个建筑场地,占用了大量的场地资源,大多数建筑单位现场环境脏乱,材料散落遍地。工业化建筑现场现浇面减少大大降低了模板的使用量,从而降低了模板占地;墙体采用工厂成品生产的预制墙板,降低了砖砌的废弃物垃圾,从而降低了废弃垃圾占地;现场墙体抹灰面积少,降低了施工机械占地。

3. 工业建筑节时

传统建筑施工现场施工全部纯人工操作,现场可操作、可控制施工有限,人工用量过于集中,工人之间容易就工作面过于集中而产生矛盾,进而影响工作效率,影响工期。而工业化建筑 PC 构件吊装只需要几位熟练工人,专业的塔吊指挥员、专业培训的 PC 构件安装工、拥有工艺深化图纸辅助细部处理工便可以有条不紊地将一个标准层预制墙体、预制楼板安装完毕。传统建筑施工现场往往因为需要加快施工进度而增加人工用量,不仅增加了开支,工期进度也不是很明显;同时需要搭设过密的模板支撑,楼底板模板安装工作量大,精度不可控,底板存在凹凸不平面,墙体模板垂直度也难以达到要求。PC 构件垂直度达到毫米级,平整度达到零抹灰,工人现场操作只需要在预制 PC 构件板上预留的套筒进行安装模板对拉加固,便可以将现浇面的垂直度达到毫米级,减少了费时的模板加工和安装。传统模板施工浇筑混凝土容易出现涨膜、爆膜现象,需要进行修补,不仅浪费大量资金和时间,质量还不客观。PC 构件大大降低了钢筋工工作量,减少了钢筋绑扎时间。综上,PC 构件生产,比传统建筑施工至少节约 1/3 的工期。

4. 工业建筑节材

××有限公司××构件厂对建筑 PC 构件进行了标准化设计、工业机械化生产,严格把控材料质量,精准控制材料用料,避免了传统建筑工人盲目取材和浪费材料,同时工业化建筑也可以避免传统建筑管理人员材料质量和用量把控不力。工业化建筑采用 PC 构件,减少了模板用量,减少了砖墙的废弃物,降低了抹灰材料的用量,降低了现场钢筋的用量,降低了现场机械施工台班数,降低了钢管使用量等。

5. 工业建筑节能

集中工业化生产,综合能耗低,建造过程节能、墙体高效保温、门窗密闭节能、使用新能源及节能型产品,降低了现场各类机械的使用量,可以节约用电。

6. 工业建筑绿色环保

工厂制造可以大量减少现场作业,降低了粉尘、噪声、污水污染。施工现场建筑材料占地少,建筑浪费的材料少。

案例二　装配式保温外墙专项方案

一、工程概况

(一)工程总体概况

项目位于河南省××市××路以西,××路以北,××路以东,××路以南。

项目由八栋高层住宅、地下室及两栋两层商业组成,总建筑面积暂定约 147031 m^2,其中地上建筑面积暂定约 104459 m^2,地下建筑面积暂定约 42573 m^2(楼座地下室暂定约 11751 m^2,车库暂定约 30822 m^2),采用装配式建设的面积不低于地上建筑面积的 50%,装配率 50%。本案例介绍施工区域为 2#、3#、4#、5#楼,其中 3#、4#、5#楼为 34 层,建筑高度为 99.75 m,3#楼为 32 层,建筑高度为 98.75 m。1#、2#、3#、5#楼均为高层住宅,车库为框架结构,地下室及主楼为剪力墙结构,抗震设防烈度为 7 度,设计使用年限 50 年。

2#、3#、4#、5#楼地下四层(地下三层与夹层),地下四层分别为负三层 3.6 m、负二层 3.15 m、负一层 2.85 m、夹层 2.85 m、地上层高 2.9 m;地下车库三层,负三层 3.6 m、负二层 3.6 m、负一层 3.4 m。

工程概况见表 7-9。

表 7-9　工程概况

项目基本信息	
项目	内容
工程名称	××项目
建设地址	××市××区××路以西,××路以北
占地面积/建筑面积/地上建筑面积	占地面积约 2.1 万 m^2 总建筑面积约 14.7 万 m^2 地上建筑面积 10.44 万 m^2, 地下建筑面积暂定约 42573 m^2
建设单位	××置业有限公司
设计单位	××市建筑设计院
施工单位	××建筑工程有限公司
监理单位	××建设管理有限公司
构件设计单位	××建筑设计有限公司
构件厂	××有限公司
结构形式	框架剪力墙

续表 7-9

项目基本信息	
项目	内容
设计使用年限	50 年
抗震设防烈度	7 度
工程质量目标	合格
安全文明目标	达到市级安全文明标准并取得证书,获得政府部门认可的绿牌工地

(二)"三明治"外墙设计概况

按照××项目属地装配面积 100%、装配率 50% 的文件要求,项目选择应用装配式技术的楼座为住宅区 2#、3#、4#、5#楼。2#楼 6 层开始使用"三明治"外墙,共计 498 m³。5#楼分左右两个单元,左单元从 5 层开始使用"三明治"外墙,右单元从 6 层开始使用"三明治"外墙,共计 416 m³。

(三)方案编制范围

本方案仅针对装配式结构"三明治"外墙进行编制,其余部分施工参见相关施工方案。

二、编制依据

(一)编制方案参考的规范、规程、标准

见表 7-10。

表 7-10 主要参考规范、规程、标准

序号	现行法律、法规、标准、规范、规程及有关文件	标准、规范、规程编号及有关文件号
1	《建筑工程施工质量验收统一标准》	GB 50300—2013
2	《建筑施工起重吊装工程安全技术规范》	JGJ 267—2012
3	《建筑施工高处作业安全技术规范》	JGJ 80—2016
4	《建筑机械使用安全技术规程》	JGJ 33—2012
5	《建筑结构荷载规范》	GB 50009—2012
6	《混凝土结构工程施工规范》	GB 50666—2011
7	《混凝土结构工程施工质量验收规范》	GB 50204—2015
8	《钢筋套筒灌浆连接应用技术规程》	JGJ 355—2015
9	《钢筋连接用套筒灌浆料》	JG/T 408—2019
10	《装配式混凝土结构技术规程》	JGJ 1—2014
11	《聚羧酸系高性能减水剂》	JG/T 223—2007

续表 7-10

序号	现行法律、法规、标准、规范、规程及有关文件	标准、规范、规程编号及有关文件号
12	《装配式混凝土连接节点构造》	15G310-1、15G310-2
13	《组合铝合金模板工程技术规程》	JGJ 386—2016
14	《铝合金模板》	JG/T 522—2017
15	《装配式混凝土建筑技术标准》	GB/T 51231—2016
16	受力计算软件采用品茗正版软件	

(二)文本文件

主要参考文本文件见表 7-11。

表 7-11　主要参考文本文件

序号	文件归类	具体文件名称
1	设计图纸	××置业有限公司提供的施工蓝图
2	装配式设计图	××建筑设计有限公司提供的装配式施工蓝图
3	施工组织设计	××项目施工组织设计
4	图纸会审记录	××项目图纸会审记录

三、施工工艺及流程

(一)技术准备

①施工前对预制构件的加工、运输、吊装、安全防护工艺等进行持续的研究,力求改进施工中的不足,达到加快进度、提高质量、节约成本的目的。

②加强设计图纸、施工图和预制构件加工图的审图工作,提供可行的工厂化制作和现场可施工的深化图,优化原设计图纸。

③技术部门要充分熟悉图纸,图纸会审达到清楚"三明治"外墙的规格、尺寸、标高的目标。

④施工前,由构件厂技术人员对现场施工人员进行岗前培训指导作业,明确使用部位、安装标准及要求。

⑤施工前,由工长依据现行规范、产业化专项施工方案及有关规程、施工工艺标准做出安全技术交底,并组织专门会议对操作工人进行详细交底,让每个操作者都清楚顶板独立支撑、预制构件吊装的具体做法和操作要点。

⑥提前与爬架厂家进行沟通,将爬架层预制构件按照外爬架机位布置图提前布置机位预埋件。

（二）材料准备

准备好钢筋、箍筋、连梁筋、拉筋、角筋、网片筋、套筒钢筋、单头螺栓、线盒、预埋螺栓、半灌浆套筒、灌浆套管、绑丝、垫块、穿棒、螺丝、垫片、磁座、扁锚、发卡、吊钉、皮碗、胶塞、挡浆条、保温钉、密封条、PVC管、保温板、减重板、内叶墙、外叶墙、门口、窗口等。

（三）机具准备

①本工程每栋楼配置1台塔吊,预制构件采用塔式起重机进行吊装作业。

②主要工具:手动扳手、电钻、电焊机、鸭嘴口、万向吊环、自喷漆等。

③测量仪器:水准仪、经纬仪、靠尺、钢尺等。

（四）制作工序流程

反打工艺为市场常用工序,以反打工艺制作夹心保温外墙板为例,叙述连接件详细使用过程(图7-8):

①清扫模具表面;

②根据需要安装瓷砖、装饰条等;

③涂抹脱模剂并安装钢筋网片;

④外叶墙混凝土浇筑;

⑤保温板切割、钻孔;

⑥安装保温板;

⑦安装连接件;

⑧检查连接件的牢固性;

⑨填补保温板缝隙;

⑩安装内叶墙钢筋及埋件;

⑪内叶墙混凝土浇筑。

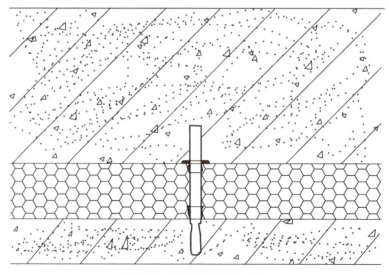

图7-8 保温连接件反打施工

以下为采用反打工艺进行连接件安装施工,正打工艺与反打工艺施工顺序有差别,但安装方法一致。

1. 预先钻孔

保温板需要按照设计的尺寸和位置预先钻孔,并将拉接件穿过保温板装配在预先钻好的孔内。如图7-9所示。

图7-9　预先钻孔

2. 浇筑外叶墙混凝土

外叶墙浇筑满足以下要求:

①外叶墙浇筑的混凝土坍落度以160~180 mm为宜;

②混凝土初凝时间不早于45 min。

外业板混凝土浇筑如图7-10所示。

(a)放外叶墙网片　　　　　　　　　(b)浇筑混凝土

图7-10　外业板混凝土浇筑

3. 安装保温板和连接件

①外叶墙混凝土浇筑后20 min内,需要在混凝土处于可塑状态时将保温板和拉接件铺装到混凝土上,穿过绝热板上的预钻孔插入混凝土的底层;

②插入时应将拉接件旋转90°,使拉接件尾部与混凝土充分接触;

③塑料套圈应紧密顶到挤塑板表面,到达指定的嵌入深度;

④保温板厚度大于75 mm的安装过程,必须使用混凝土平板振动器在保温板上表面对每一个拉接件进行振动;

⑤注意连接件安装方向,即长度方向与墙板高度方向一致。

安装保温板和连接件如图7-11所示。

(a)安装保温板　　　　　　　　　　(b)安装连接件

图7-11　安装保温板和连接件

4.挤密加固

对拉接件周围的混凝土进行挤密加固,并及时对拉接件在混凝土中的锚固情况进行专项质量抽查。

5.填补保温板缝隙和空间

在浇筑上层混凝土之前,检查大于3 mm的保温板缝隙,缝隙中按要求注入发泡聚氨酯,或采用宽胶带粘贴盖缝,防止内叶墙浇筑混凝土时渗入水泥浆,导致保温板上浮引起拉接件锚固深度不足和保温不连续现象。

填补保温板缝隙和空间如图7-12所示。

(a)填补空隙　　　　　　　　　　(b)填补完成

图7-12　填补保温板缝隙和空间

6.浇筑内叶墙混凝土

（1）连续浇筑

如果在同一个工作日（8 h）内浇筑内叶墙和外叶墙两层混凝土,必须控制外叶墙混凝土的初凝时间。外叶墙混凝土初凝后,需要避免工人接触拉接件和保温板。

（2）非连续浇筑

为了能够安装内叶墙的钢筋、马凳和其他埋件设施,外叶墙混凝土必须达到设计强度的25%。检测同条件试块的强度判定是否达到设计强度的25%。

7.工厂预制

上层混凝土准备的时间和浇筑十分重要。如果两层混凝土在同一天浇筑,一定在下层初凝之前安装上层的钢筋、起吊装置和其他插件,然后浇筑上层混凝土。浇筑上层混凝土至设计厚度,抹平,养护并且根据情况对混凝土采取保护措施。

浇筑内叶墙混凝土如图 7-13 所示。

(a)绑扎内叶墙钢筋　　　　　　　　(b)浇筑内叶墙混凝土图

图 7-13　浇筑内叶墙混凝土

8.墙板完成脱模

混凝土强度达到设计强度的75%以上才可以拆除侧模。首先拆除外侧模,拆除过程中,要注意撬棍不要直接接触墙板的外表面,以免损坏墙板。随后拆除内侧模,拆除时要避免破坏保温连接件。拆除后的模具要及时清理,对模具的活动部件要进行检查和保养,检查模具的尺寸和精度。模具如有变形,要及时进行修复或校正。

9.连接件专项检查

抽查每块外墙板4个对角的拉接件,以及每块外墙板中间附近的至少1个拉接件,要求抽查的连接件不小于连接件总数的20%,且不少于5个。如图 7-14 所示。

检查嵌入末端,湿水泥浆应当没过被检查的拉接件的尾部倒角。如果检查没有问题,将拉接件插回原孔中并再次施加局部压力或者机械振动;如果检查不合格,在绝热板上施加更多压力或在每个拉接件上施加更多机械振动。然后再检查该拉接件周边更大范围的所有临近的拉接件,直到水泥浆没过被检查的拉接件的尾部倒角,如此循环。

当存在不合格时检查图案如图 7-15 所示。

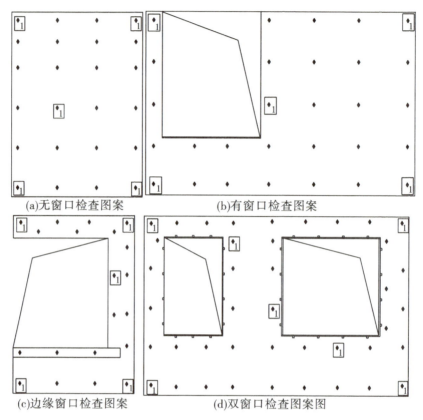

(a)无窗口检查图案   (b)有窗口检查图案

(c)边缘窗口检查图案   (d)双窗口检查图案图

图7-14   外叶墙检测位置

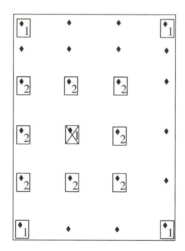

图7-15   当存在不合格时检查图案

四、"三明治"外墙的质量保障措施

(一)外叶墙模具及门窗洞口的组装

①注意台模预留孔洞是否垂直。

②注意门窗洞口尺寸是否符合图纸要求,根据规范要求测量对角线等误差是否符合规范要求。

③窗门洞口组装前注意粘贴密封条或玻璃胶,防止漏浆。

④部分外叶墙侧模尺寸较长,用盒尺多点校核尺寸。核查外叶墙模具是否平直,与模台之间是否存在缝隙,避免浇筑时漏浆。

(二)涂刷脱模剂

①脱模剂涂刷时要均匀,不能聚团,不能漏刷。

②先用滚刷涂刷无埋件、面积宽广的地方,用小刷子涂刷预留孔芯棒和狭小位置。

(三)外叶墙隐蔽验收

①构件规格型号,外叶墙模板尺寸、对角线。

②外叶墙钢筋规格、尺寸,保护层厚度。

③扁锚规格尺寸、位置,发卡数量位置。

④穿孔芯棒规格、尺寸、位置、数量。

⑤填写隐检记录。

⑥照片留存。

(四)FRP连接件安装注意事项

针对构件厂构件制作过程中出现连接件锚固不充分现象,有针对性从材料选择到具体生产的各个方面提出以下几点建议:

(1)混凝土坍落度要求

外叶墙采用的预拌混凝土坍落度控制为160~180 mm,保证混凝土有足够的流动性进行回流,达到连接件锚固深度要求。

(2)混凝土中石子粒径要求

混凝土中石子粒径要求控制为5~15 mm,最大粒径不宜超过15 mm,避免连接件布置点区域因石子粒径过大导致此区域混凝土中存在空隙,造成锚固不充分现象。

(3)外叶墙表面平整度要求

控制外叶墙表面平整度,目的在于避免因外叶墙浇筑后上表面有局部低陷,作业人员在安装保温板后进行内叶墙作业过程中踩到低陷点,对周围连接件产生类似"跷跷板"作用,进而使连接件产生拉拔位移。

(4)保温板孔径要求

保温板应预先钻孔,孔径根据连接件定位塑料套外径确定,孔径大小一般比塑料套外径小2~5 mm,保证保温板对连接件的垂直固定作用。

(5)安装连接件时间间隔

由于连接件施工工艺为后锚固形式,即连接件后插入预先浇筑的混凝土中,故应严格控制其时间间隔,浇筑完成外叶墙混凝土及安装完成保温板后应立即安装连接件,且时间间隔不应大于 10 min。

（6）安装操作要求

当连接件穿过保温板预留孔洞锚入外叶墙混凝土中,需控制上部限位挡片下表面与保温板上表面完全贴合以保证锚入深度,并将连接件旋转 90°,确保混凝土有效回流。

（7）辅助振捣要求

对于按照上述步骤进行安装后的连接件,可用橡皮锤或木槌在连接件周边敲击进行辅助振捣,也可用平板抹光机等小型振捣设备进行辅助振捣。

（8）作业保护要求

连接件安装完成后,应避免作业人员进行内叶墙作业的操作过程中对连接件产生暴力碰撞扰动。

（9）养护条件要求

采用蒸汽养护,应注意养护温度不超过 60 ℃,且避免高温蒸汽直接作用在连接件布置点,避免局部温度过高对连接件产生损伤。

（10）脱膜混凝土强度

应确保脱膜时的混凝土强度值,以保证混凝土对连接件具有足够的握裹力,故脱膜时混凝土同条件养护试块强度不应小于混凝土立方体抗压强度标准值的 75%。

（11）锚固不充分情况处理

如内叶墙与外叶墙采用隔天浇筑,内叶墙混凝土浇筑前发现连接件锚固不充分情况,建议按照下列做法进行处理,外叶墙悬挑部分连接件出现此情况亦可参照处理。

将以连接件设计点直径 300 mm 范围内或以设计点为中心的 600 mm×600 mm 范围内外叶墙混凝土全部剔凿,剔凿深度同外叶墙厚度,重新按照连接件安装步骤进行连接件安装及质量控制,并注意新旧混凝土结合面应做凿毛处理。

选用环氧树脂砂浆对锚固不充分连接件进行加固处理,加固措施中混凝土孔洞处理、环氧树脂砂浆选用、加固后养护时间等具体要求应按照环氧树脂砂浆材料供应商提供的操作方法执行。

（五）外叶墙混凝土浇筑

①浇筑前做混凝土坍落度试验。

②保温板厚度会随着项目不同而发生变化,故外叶墙尺寸也会发生变化,浇筑时需避免浇筑过薄或过厚(外叶墙厚度 6 cm)。

③下企口下方混凝土一定要密实,避免出现下企口下方漏振,形成蜂窝麻面现象。

④放料时,要一边放料,一边振捣,避免出现漏振现象。

（六）铺设保温板

①保温板选择:保温板厚度会随着项目不同而发生变化,需注意区分。

②保温板裁切:保温板裁切需按照图纸裁切,避免产生过多的碎块、碎渣。

③保温板打孔:需按照预留孔洞实际大小打孔,避免过大或过小。

④保温板铺设:铺设时,两侧保温板需为整块,避免出现太多碎块。

⑤保温钉的布置:外叶墙两侧超出内叶墙 250 mm 需增加一排保温钉,目测插放保温钉,保温钉距墙边 100 mm,保温钉间的距离应相等,避免保温板与外叶墙混凝土分离。

(七)内叶墙钢筋骨架绑扎

①脱模吊件:安装后需插入一根钢筋,钢筋型号由吊件决定。

②吊装吊件:安装时必须顺直,避免使皮碗缝隙过大,导致皮碗进浆。

③根据图纸要求选择直吊钉,吊钉绑扎安装时垂直于侧模,平行于底模。

④吊钉安装时需垂直内叶墙顶边,用绑丝固定,吊钉端部用"U"形加强筋加强。

⑤根据箍筋不同,挡浆条规格尺寸不同。主筋需用胶堵封堵,一是起封浆作用,二是起套筒钢筋居中垂直作用。

(八)内叶墙隐蔽验收

①检查拉结件是否与钢筋发生冲突,遍锚穿筋绑扎是否到位。

②检查钢筋绑扎及保护层是否符合设计要求。

③检查各预埋件位置、数量、规格是否正确齐全。

④检查外露钢筋尺寸、规格是否符合设计图纸要求。

⑤检查钢筋套筒安装是否到位;进出浆管内是否有插筋,安装是否牢固。

⑥检查模具螺栓、定位销是否齐全紧固有效。

⑦检查外墙板 PCF 处保温钉安装位置、数量是否有效。

⑧减重板安装位置及尺寸是否符合图纸要求。

⑨检查线盒线管位置、方向、规格是否符合图纸要求。

⑩检查外露筋孔处是否安装了专用堵浆胶塞。

⑪将符合设计图纸要求的部位拍照,照片要求所隐检构件全景。

(九)内叶墙混凝土浇筑

①浇筑过程中边放料边振捣,然后用杠尺刮平,再用木抹子或者塑料抹子搓平,最后用铁抹子压光。

②在第一次铁抹子压光完成后,进行信息卡的埋设,埋设时信息卡上侧铁板需用一个四周带倒边的和信息卡大小基本相同的铁板,铁板面积小的一侧和信息卡粘贴在一起,然后埋设到混凝土中,使铁板与混凝土面抹平。

③内叶墙初凝并且压光成型后,用塑料薄膜覆盖。

(十)蒸汽养护

升温阶段温度不能超过 55 ℃,恒温阶段要在 50~55 ℃,直至满足脱模强度要求。

(十一)脱模

①在脱模之前,先进行试块试压,强度达到 75% 以上,即可脱模。

②内叶墙侧模以及外叶墙侧模拆除由最容易拆除的一边开始,逐个拆除。

③门口拆除时,注意门口支撑埋件螺栓是否拆除,在拆除内叶墙底面侧模后,以先门口两侧、后门口顶边的顺序拆除。

④窗口拆除时,以先装的后拆、后装的先拆的顺序拆除。

（十二）构件起吊、水平运输

①根据构件吨位选择合适的万向吊环。

②钢丝绳在扁担上固定时一定要保证钢丝绳起吊时受力均匀。

③平板车上木方摆放的间距要根据构件尺寸确定，使构件支点受力均匀。

（十三）构件倒运、修补

①起吊后的构件放至在倒运车上，码放到存储区，存放采取插放架立式存储。支垫方木必须有一定的硬度且尺寸相同，支垫在吊点垂直下方的内叶墙范围内的外叶墙严禁受力。插放架两侧要夹紧支牢。

②不合格的产品，根据缺陷的不同采取不同的修补方法，掉角大的部位不得使用纯素灰修补。

③修补后的成品自检，自检合格后报专检验收，填写检验记录，合格后入库。

（十四）存放、装车运输

墙板存放应使用专用的存放架，存放架应采用地脚螺栓或焊接等方式固定在地面上。存放架上方用于隔断墙板的槽钢，使用帆布或无纺布等柔软材料包裹好，避免磕碰或摩擦墙板表面。存放时，墙板内叶墙下方应垫好木方（不得使外叶墙受力），上方应垫好木楔，木楔应用塑料布包裹好，比较长的墙板需多个支点，支点位置对应安装吊点，多个支点必须在一个水平面上。提前做好与甲方的沟通，确定构件运输路线、甲方存放场地及装车运输过程中的安全等注意事项。

（十五）构件验收

①"三明治"外墙按照现场实际施工进度协调组织进场，构件所需材料应有出厂合格证和必要的第三方检测报告。进场后技术部应对照图纸检查预制构件的型号、几何尺寸及外观质量是否符合设计要求，对于不符合要求的预制构件一律退厂。

②"三明治"外墙施工前需定制专用临时支撑，临时支撑连接楼板和三明治外墙，需事先在楼板和"三明治"外墙中按图纸预埋螺栓套筒，施工前由专业技术人员统计所需临时支撑数量，并联系相关厂家定制足够临时支撑。

参考文献

［1］中华人民共和国住房和城乡建设部.装配式建筑评价标准:GB/T 51129—2017［S］.北京:中国建筑工业出版社,2018.

［2］中华人民共和国住房和城乡建设部.装配式混凝土建筑技术标准:GB/T 51231—2016［S］.北京:中国建筑工业出版社,2016.

［3］中华人民共和国住房和城乡建设部.装配式混凝土结构技术规程:JGJ 1—2014［S］.北京:中国建筑工业出版社,2014.

［4］中华人民共和国住房和城乡建设部.装配式住宅建筑设计标准:JGJ/T 398—2017［S］.北京:中国建筑工业出版社,2014.

［5］中国建筑标准设计研究院.装配式混凝土结构住宅建筑设计示例(剪力墙结构):15J939-1［M］.北京:中国计划出版社,2015.

［6］中国建筑标准设计研究院.装配式混凝土结构连接节点构造(2015年合订本):G310-1～2［M］.北京:中国计划出版社,2015.

［7］中国建筑标准设计研究院.预制混凝土剪力墙外墙板:15G365-1［M］.北京:中国计划出版社,2015.

［8］中国建筑标准设计研究院.预制混凝土剪力墙内墙板:15G365-2［M］.北京:中国计划出版社,2015.

［9］中国建筑标准设计研究院.预制钢筋混凝土板式楼梯:15G367-1［M］.北京:中国计划出版社,2015.

［10］中国建筑标准设计研究院.预制钢筋混凝土阳台板、空调板及女儿墙:15G368-1［M］.北京:中国计划出版社,2015.

［11］中国建筑标准设计研究院.装配式混凝土剪力墙结构住宅施工工艺图解:16G906［M］.北京:中国计划出版社,2016.

［12］中华人民共和国住房和城乡建设部.射频识别应用工程技术标准:GB/T 51315-2018［S］.北京:中国计划出版社,2018.

［13］深圳市建筑产业化协会.预制混凝土构件产品标识标准:T/BIAS 3—2019［S］.北京:中国建筑工业出版社,2019.

［14］张金树,王春长,刘晓晨.装配式建筑混凝土预制构件生产与管理［M］.2版.北京:中国建筑工业出版社,2022.

［15］孙家坤,司伟.装配式建筑构件及施工质量控制［M］.北京:化学工业出版社,2021.

［16］王光炎.装配式建筑混凝土预制构件生产与管理［M］.北京:科学出版社,2020.

［17］刘晓晨,王鑫,李洪涛.装配式混凝土建筑概论［M］.重庆:重庆大学出版社,2018.

［18］李营.装配式混凝土建筑.构件工艺设计与制作200问［M］.北京:机械工业出版社,2018.

[19]陈金涛.装配式建筑预制构件模具优化设计及降本研究[J].建设机械技术与管理,2022,第35卷(4):60-62.

[20]崔凯.新型装配式建筑PC构件模板施工技术探究[J].江西建材,2022,(1):123-124,127.

[21]李鹏飞,杨军宏,邓轩.装配式预制混凝土构件生产调研分析[J].建设机械技术与管理,2022,第35卷(4):46-50.

[22]郑晓颖.装配式预制混凝土构件生产工艺及管理措施[J].江西建材,2022,(10):352-353,356.

[23]林晨.装配式建筑预制构件生产施工技术分析[J].江苏建材,2022,(4):7-9.

[24]胡韫频,谢执政,童明德,等.装配式建筑预制构件生产基地规划选址研究[J].建筑经济,2018,(4):22-25.